KLETT-COTTA Leben!

Anka Kampka

Keine Angst vor Mobbing!

Strategien gegen den Psychoterror am Arbeitsplatz

Rechtlicher Teil: Nathalie Brede und Ansgar Brede

Klett-Cotta

Alle Bücher aus der Reihe »Klett-Cotta Leben!«
finden sich unter www.klett-cotta.de/leben

Die Inhalte des Buches wurden von den Autoren nach bestem Wissen recherchiert. Sie können jedoch nur Anregungen für die Lösung von Mobbing-Problemen bieten. Das Buch ersetzt keine psychologische, medizinische oder rechtliche Beratung im Einzelfall. Autoren und Verlage übernehmen keine Haftung für die Richtigkeit und Vollständigkeit der im Buch enthaltenen Ausführungen.

Klett-Cotta
www.klett-cotta.de

Printed in Germany
Umschlag und Foto: Roland Sazinger, Stuttgart
Gesetzt aus der Concorde von Kösel, Krugzell
Auf säure- und holzfreiem Werkdruckpapier gedruckt
und gebunden von Kösel, Krugzell
ISBN 978-3-608-86012-2

Bibliografische Information der Deutschen Nationalbibliothek
Die Deutsche Nationalbibliothek verzeichnet diese Publikation in der Deutschen Nationalbibliografie; detaillierte bibliografische Daten sind im Internet über http://dnb.d-nb.de abrufbar.

Inhalt

Vorwort

»Wenn du das Buch schreibst, dann schreib bloß nicht davon, dass du selbst gemobbt wurdest. Die Leute meinen sonst, du würdest schreiben, um deine eigenen Erfahrungen psychisch aufzuarbeiten. Das wirkt bei den Lesern unprofessionell.«

Das waren die Worte einiger Bekannter, die mich am Telefon warnen oder auch schützen wollten, als sie hörten, dass ich unter die Sachbuchautoren gehen werde.

Als ich auflegte, wusste ich: Genau das werde ich tun! Und die Bekannten haben unfreiwillig dafür gesorgt, dass ich damit mein Vorwort gefunden habe.

Ich konnte nicht nachvollziehen, warum manche Menschen immer noch Angst haben, sich zu »outen«, und dabei als unprofessionell eingestuft werden.

Macht nicht die eigene Betroffenheit die besondere Stärke aus? Fühlt sich nicht gerade dann der Leser in seiner eigenen Lage wie in seinen Emotionen verstanden und kann sich dadurch besonders gut wiederfinden? Ist nicht gerade der professionell, der Mobbing selbst erlebt hat? Kann nicht gerade ich, die das Leid nur zu gut kennt, die selbst durch die Hölle gegangen ist, am besten die Situation der Betroffenen nachvollziehen und daher eine Lösungsstrategie erarbeiten?

Angenommen, ich würde dabei tatsächlich meine Erfahrungen aufarbeiten, wieso gilt das für manche Menschen als Makel? Solange die Aufarbeitung der Geschehnisse nicht allein dazu dient, mich zu »therapieren«, sondern anderen zu helfen, kann dies in keiner Weise schaden. Natürlich sollte das Buch nicht zum reinen Selbstzweck geschrieben werden. Denn neben den eigenen Erfahrungen sind in dieses Buch vor allem auch die spezifischen Fachkenntnisse als heutige Konflikt- und Mobbingberaterin eingegangen. Dies, beide Sichtweisen zu kennen und zu leben, macht das Buch zum praxisnahen Begleiter.

Mobbing ist nach wie vor ein gesellschaftliches Tabu-Thema, und dieses Buch soll helfen, den Mut zu finden, dieses Tabu zu brechen und ein Stück aus der Isolation zu gehen. Wenn Mobber etwas nicht mögen, dann das, dass Gemobbte unfaires Handeln öffentlich machen und darüber sprechen.

Jedes Mobbing ist anders gelagert und jede Lösung muss individuell erarbeitet werden. Leider ist es auch häufig nicht mit *dem Tipp* oder *dem Gespräch* getan, um das Problem zu lösen. Ein gewisses Maß an Durchhaltevermögen und Geduld, bis eine Wende auch sichtbar wird, muss man schon mitbringen. Und das lässt sich ohne Hilfe vor Ort nicht realisieren. Und manches Mal braucht es auch ein Quäntchen Kreativität, um das Problem zu lösen.

Deshalb ersetzt ein Buch nicht die Beratung vor Ort. Was für den einen gut und hilfreich erscheint, kann sich im anderen Fall als fatal erweisen.

Aber das Buch kann Handlungsstrategien und Möglichkeiten aufzeigen, neue Ideen zu entwickeln, sich gegen Mobbing zu wehren und den Weg zurück in die Gesellschaft zu finden.

Es ist im Leben nicht entscheidend, was mit uns geschieht, sondern wie wir damit umgehen.

Deshalb habe ich in diesem Buch bewusst darauf verzichtet, einzelne Situationen aufzugreifen und dann eine Lösung anzubieten: Z. B. der Kollege grüßt Sie nicht, dann sollten Sie das und das machen. Es gibt immer viele Möglichkeiten zu reagieren. Viel entscheidender dabei ist, dass Sie ein eigenes »Bauchgefühl« entwickeln, Sie sich also dabei wohlfühlen und Ihre Antwort bzw. Reaktion auf Angriffe für Sie in Ordnung ist. Nicht die Autoren sind die Experten, sondern Sie selbst. Und: Damit vermeiden Sie, sich selbst weiterem Stress auszusetzen: »Habe ich jetzt auch ›richtig‹ geantwortet und reagiert?«

Ebenso verzichtet habe ich auf Hinweise, wie offizielle Stellen aktuell bei Mobbing helfen, z. B. das Arbeitsamt.

Was heute aktuell ist, kann sich morgen schon wieder durch neue Gesetze, Verordnungen etc. ändern. Besser ist es, jeweils vor Ort Kontakt aufzunehmen und sich über die momentanen Möglichkeiten zu informieren.

Danke!

Sogar bei der Danksagung kommt man an dem Thema »Konflikte & Mobbing« nicht herum, denn gute Bücher schreibt man nur mit einem guten Team. Und so, wie es im Betrieb Hand in Hand funktionieren sollte, so braucht man beim Schreiben ein funktionierendes, harmonisches ineinandergreifendes Team. Da aufkommende Emotionen das eine oder andere sprichwörtliche Sandkorn im Getriebe waren, war es uns eine Herausforderung, »zu erkennen, zu handeln und zu lösen«, um somit unserem eigenen Anspruch gerecht zu werden!

Ich danke daher chronologisch:

Frau Dr. Treml, die es ermöglichte, dass dieses Buch entstehen konnte. Durch ihre aufrichtige Wertschätzung und liebenswerte Art half sie mir über das eine oder andere Tief beim Schreiben hinweg.

Kurt Mehler, der mir durch seine kritischen fachlichen Rückmeldungen sowie Redigieren der Texte meinen Schreibstil verbesserte und stets ein offenes Ohr in allen Lebenslagen für mich hat.

Den Klienten, die den Weg zu mir gefunden haben, sich mir gegenüber zu öffnen und durch ihre Erlebnisse und Erfahrungen dieses Buch zu einem praxis- und lebensnahen Ratgeber machen.

Meinen Eltern und Freunden, die den bewundernswerten Mut hatten, meine Fragen im Kapitel »Hilfe im privaten Kreis« offen und kritisch zu beantworten. Würde es mehr solcher Eltern und Freunde geben, wäre die Welt weniger mit Mobbing und Schikanen belastet. Ich kann dazu nur sagen: Hut ab!

Besonderer Dank gilt meinem Mann Klaus, der in der Zeit der Entstehung dieses Buches manches Mal zurückstecken musste und einige Mehrbelastung im häuslichen Bereich mittrug.

Das Gleiche gilt für meine Familie, all meine Freunde und Bekannten, die geduldig ihre Wünsche und Bedürfnisse hintangestellt haben. Ab und an wurde dann die Frage gestellt: »*Wann kommt das Buch denn jetzt raus?*«, um dann gleich die zweite Frage folgen zu lassen: »*Wann hast du mal wieder Zeit für uns?*«

Danken möchte ich all denen, die hier nicht namentlich genannt werden können, die aber durch ihren unermüdlichen Glauben an mich, ihre vielen hilfreichen Tipps sowie ihre Unterstützung ihren Teil zur Realisation des Buches beigetragen haben.

Bei dieser Gelegenheit möchte ich mich auch bei denen bedanken, die dafür gesorgt haben, dass ich das persönlich erfahrene Mobbing nach neun Jahren abschließen konnte.

Neben dem bereits genannten privaten Kreis bedanke ich mich bei den Kollegen der Ortsverwaltung Wiesbaden-Nordenstadt, die mir meine Lebensfreude und Kraft zurückgegeben haben. Es ist schön zu wissen, dass es noch Zusammenhalt und gegenseitige Wertschätzung im Arbeitsleben gibt.

Um es in den Worten unserer ehemaligen Auszubildenden Yvonne zu sagen:

»*Leute, ihr seid einfach klasse!*«

Haben Sie Ideen, Anregungen, Kritik oder auch Hinweise, die Sie mir gerne mitteilen möchten?
Schreiben Sie mir unter:

Anka Kampka
An der Oberhecke 21
55270 Sörgenloch
Tel.: 06136-7608835
Fax: 06136-7608836
www.die-krisenmangerin.de
info@die-krisenmangerin.de

Ich freue mich schon heute auf Ihre Beiträge. Danke.

1 Was ist Mobbing?

1.1 Mobbing – ein »Modewort«?

Wenn man über Mobbing spricht, dann fallen jedem Gesprächsteilnehmer dazu Stichworte ein:

Beispiel

»Das fängt schon im Kindergarten an, das wird immer schlimmer.« »Also ich kenn da jemanden, der hat's auf der Arbeit auch nicht leicht.«

»Na, manche sind ja selbst schuld, so, wie die sich benehmen. Kein Wunder, die würde ich auch mobben.« »Wenn mich mein Chef mobben würde, den würde ich zurückmobben.« »Mir kann das nicht passieren, ich bin selbstbewusst.«

»Das trifft doch eher die Frauen als die Männer. In Ihrer Beratungsstelle sind doch auch mehr Frauen, oder?« »Da kann man doch eh nichts machen außer kündigen. Da hat man doch keine Chance, wenn alle über einen herfallen.«

»Die Arbeitsplätze sind knapp, die Arbeitsbelastung steigt, da geht es immer aggressiver zu in der Arbeit.« »In unserer Gesellschaft gibt es keine Werte mehr, kein soziales Denken, jeder ist sich selbst der Nächste. Kein Wunder, dass da Mobbing immer mehr aufkommt. Wir sind eine richtige Ellenbogengesellschaft geworden.«

Diese und andere Aussagen hört man immer wieder, und zwar durch alle Bevölkerungsschichten. Unterhält man sich länger und intensiver mit den Betroffenen über das Thema, kommt große Unsicherheit auf. Ich höre dann häufig Fragen wie: »Ja, was ist denn nun genau Mobbing? Wie kommt es denn dazu? Und: Warum hat sich Mobbing so etablieren können?«

Das Phänomen ist nicht neu. Ausgrenzungen, Intrigen und unfaires Verhalten können überall dort stattfinden, wo Menschen zusammenkommen.

Warum wird so viel gemobbt?

Es gibt mehrere Theorien, wie Mobbing entsteht, und ich denke, dass es auch immer ein Zusammenspiel vieler Faktoren gibt, die Mobbing begünstigen.

Vieles dürfte im Einzelnen noch nicht umfassend erforscht sein, sodass wir bei der einen oder anderen Frage auf Mutmaßungen und Theorien stoßen, deren wissenschaftliche Beweisbarkeit noch aussteht.

Zunächst spielen globale Faktoren eine bedeutende Rolle. Spätestens seit der Einführung des Internets bekommen wir einschneidende Veränderungen zu spüren. Die damit verbundene rasante technische Entwicklung erfordert Umdenken und Anpassen an die gegebenen wirtschaftlichen Verhältnisse binnen kürzester Zeit. Europa wird kleiner, die Welt rückt näher.

Viele dieser Folgen spüren auch die Betriebe deutlich. Der Druck wächst, sich diesen Gegebenheiten anzupassen, um international am Markt bestehen zu können. So kommt es zu Umstellungen, Umstrukturierungen, laufenden organisatorischen Veränderungen, Kündigungen, Betriebsschließungen, Übernahmen, Insolvenzen, Auslagerungen und letztendlich auch zum Standortwechsel in Niedriglohn-Länder.

Die damit verbundenen Folgen zeigen sich *innerhalb der Unternehmen* sehr deutlich.

Jede organisatorische Veränderung zieht für die einzelnen Mitarbeiter eine enorme Belastung nach sich. Oft werden Mitarbeiter gar nicht oder nur unzureichend über Veränderungen informiert. So entstehen Gerüchte, die später seitens der Vorgesetzten nur mühsam aus dem Weg geräumt werden. Spätere öffentliche Stellungnahmen der Verantwortlichen nähren eher das Misstrauen der Belegschaft, als dass sie zur Transparenz der Situation beitragen.

Die daraus folgende Unsicherheit der Mitarbeiter sorgt für viel Unruhe und kostet Energie, da sie sich mit zahlreichen Fragen konfrontiert sehen.

Stehen Entlassungen an? Wer wird entlassen? Nach welchen Kriterien wird dies geschehen? Wie schnell kommt das alles auf uns zu? Schade, dass Führungsverantwortliche und Top-Manager häufig nicht erkennen, welche schwerwiegenden Führungsfehler in dieser Situation meist begangen werden. In einschlägigen Fachbeiträgen wird berichtet, warum Fusionen unter anderem so oft scheitern: Würde die Belegschaft frühzeitig über Veränderungen informiert, entstünden weit weniger Kosten, denn Ängste und Unsicherheit verursachen große Kosten. Gerade in Deutschland handelt man noch immer so, als würden emotionale Faktoren keine Rolle spielen. Menschen werden in Statistiken als reiner Personalkostenfaktor erfasst. Offensichtlich hat man leider vergessen, das hinter jeder Statistikzahl ein Mensch steckt. Wer heute die schöne Statistik erstellt, kann morgen selbst seinen Arbeitsplatz verlieren. Schließlich muss er damit rechnen, auch eines Tages statistisch erfasst zu werden.

Neben dem oben beschriebenen Anpassungsdruck sind auch die fachlichen Anforderungen an die einzelnen Mitarbeiter gestiegen. Durch das nähere Zusammenrücken Europas ist es für Firmen leichter geworden, ihren Standort insbesondere ins osteuropäische Ausland zu verlegen, um niedrigere Arbeitslöhne zu vereinbaren und damit Kosten senken zu können.

Jede betriebliche Veränderung kostet Zeit und Energie. Die Mitarbeiter müssen sich auf neue Kollegen oder Chefs einstellen. Die Neuen werden in neue Verfahrensabläufe und Techniken eingewiesen. Im günstigsten Fall erhalten sie eine Schulung, doch häufig wird aus Kostengründen darauf verzichtet. So erwarten viele Vorgesetzte, dass nach einer Kurzeinweisung alles reibungslos abläuft. Ist dies nicht der Fall, wird der Mitarbeiter dafür verantwortlich gemacht, und ihm werden Schwächen in seiner Persönlichkeit sowie seiner Leistung vorgeworfen.

Wir sind auf dem besten Weg, die amerikanische »Hire-and-Fire«-Mentalität zu übernehmen. Wer nicht »funktioniert«, wer sich nicht absolut unterordnet, den will man möglichst schnell wieder loswerden. In manchen Betrieben gehört es schon zum guten Ton, wenn Vorgesetzte ihren Mitarbeitern eiskalt sagen: »Wir kriegen Sie auch ohne Abfindung hier raus. Bisher hat das immer geklappt.«

Massenhafte Entlassungen, wie sie seit den 80er-Jahren zu beobachten sind, bringen große Verunsicherungen mit sich. Wer noch einen Job hat, glaubt, um ihn kämpfen zu müssen. Gute Arbeitsplätze sind noch immer Mangelware, und bei bevorstehenden Veränderungen versuchen Mitarbeiter mitunter, sich vor den Vorgesetzten ins rechte Licht zu setzen, um ihren Arbeitsplatz zu erhalten.

Motto: »Vielleicht trifft es dann halt den Kollegen und nicht mich.« Der Kampf um die wenig verbliebenen Jobs führt oftmals zu einer schlechten Stimmung im Betrieb. Es wirkt wie russisches Roulette: Wer wird der Nächste sein? Und damit ist auch dem Mobbing Tür und Tor geöffnet. Es gehört zum Spiel.

Damit verbunden sind häufige Arbeitsplatzwechsel. Sei es durch einen Standortwechsel der Firmen innerhalb Deutschlands oder auch ins Ausland. Die Folgen: Umzug für die betroffenen Mitarbeiter oder Kündigung mit neuer Jobsuche. Um überhaupt eine Stelle zu bekommen, wird eine hohe Flexibilität bezüglich des Arbeitsplatzstandortes erwartet.

Hat man dann endlich einen neuen Job gefunden, so muss man sich mit einer weitaus schlechteren Bezahlung zufriedengeben. Oftmals wird der Arbeitsvertrag nur befristet vergeben. Schlecht bezahlte Arbeit hat auch emotionale Auswirkungen: Die Menschen leiden an mangelndem Selbstbewusstsein, fühlen sich gedemütigt, nun Arbeiten machen zu müssen, die früher besser bezahlt wurden.

Das heißt, nach einem kurzen Aufatmen kommt bald die alte Angst auf. Bekomme ich eine Verlängerung oder nicht? War vielleicht all die Anstrengung, die unbezahlten Überstunden umsonst? Ältere Mitarbeiter fragen sich dann: Bekomme ich überhaupt noch einen Job nach Ablauf der Vertragsfrist?

Arbeiten, die viel Konzentration erfordern, nehmen stetig zu. Unbezahlte Überstunden im Betrieb werden erwartet. Die Zeit für Familienleben, Hobbys und sonstige Freizeitaktivitäten wird immer knapper. Dadurch sind die Erholungsphasen kürzer.

Auf Dauer haben all diese Faktoren Auswirkungen auf unsere Gesundheit und unsere Psyche: Wir werden unzufriedener, aggressiver oder gar depressiv. Die Zahl der psychischen sowie stressbedingten Erkrankungen nimmt stetig zu und steht an oberster Stelle der Erkrankungen. Rückenprobleme wie zum Beispiel Bandscheibenvorfälle sind typische Vorkommnisse bei länger andauerndem Stress.

Weil wir immer in Eile sind, bleiben Geduld und Toleranz auf der Strecke. Bei dem kleinsten Anlass geraten wir an unsere Grenzen. Das äußert sich nicht nur am Arbeitsplatz, wo wir angesichts der neuen Kollegin die Augen rollen und stöhnen, weil sie nun schon zum dritten Mal den Vorgang nicht verstanden hat. Es zeigt sich in allen Lebensbereichen. Wenn es an der Supermarktkasse nicht gleich weitergeht oder wenn wir mal wieder im Stau stehen und nach Feierabend doch noch so viel erledigen müssten.

Doch was hat das alles mit Mobbing zu tun? Auf den ersten Blick mag es keinen direkten Zusammenhang geben. Die äußeren Umstände begünstigen jedoch den Nährboden für Mobbing.

Mangelnde Zeit für den anderen, Unzufriedenheit und Unsicherheit nagen dauerhaft an unserer Psyche und unserer Gesundheit.

Dann wird ein Ventil gesucht, und der kleinste Anlass ist gerade recht: Die schwangere Kollegin, die ausgerechnet dann ausfallen wird, wenn die Personaldecke bereits eng ist. Der Kollege, der anderen die Ideen klaut und sie beim Chef als seine eigenen ausgibt, damit er bei der bevorstehenden Kündigungswelle außen vor bleibt. Oder das Anschwärzen der Kollegin bei der Chefin, da zum Jahresende eine von zwei Stellen wegfallen wird. Oder der Neid auf den Kollegen, der die gleiche Arbeit macht, aber besser bezahlt wird.

Neben dem außerbetrieblichen Anpassungsdruck gibt es auch viele *innerbetriebliche Auswirkungen*.

Manche Betriebe haben eine Organisationsstruktur, die Mobbing begünstigt. So ist der öffentliche Dienst sehr häufig von Mobbing betroffen. Starre Hierarchien mit vielen Vorschriften machen es den Vorgesetzten leicht, sich darauf zurückzuziehen. Somit wird oft eine Kommunikation zwischen Vorgesetzten und Mitarbeitern von vorneherein unterbunden. Auch durch die Instanzen können Vorgesetzte die Zuständigkeiten leicht auf die höhere Ebene abwälzen. Der wiederum verweist auf seinen nächsten Vorgesetzten usw. Irgendwann gibt der Mitarbeiter entnervt auf, will sein Anliegen nicht wieder vortragen

Beispiel

Frau Haberbauer wechselt ihre Stelle im Frühjahr und beginnt ihre Arbeit in einem neuen Dienstgebäude.

Gleich zu Beginn verweist sie freundlich auf ihre schwere Gehbehinderung und den damit verbundenen notwendigen Parkplatz für ihr Auto. Um nicht aufdringlich und rechthaberisch zu wirken, stellt sie sich zunächst auf einen öffentlichen Parkplatz und bittet die Vorgesetzten um Mitteilung, wann mit einem Parkplatz in der Garage des Dienstgebäudes zu rechnen sei.

Es passiert mehrere Wochen nichts. Auf mehrmaliges Nachfragen erhält sie nur ein Kopfschütteln. Ich verzichte an dieser Stelle darauf hinzuweisen, welche weiteren zuständigen Stellen sie außerhalb ihres Amtes eingeschaltet hat, die das bestehende Problem ebenfalls nicht lösen konnten. Der Winter naht, und Frau Haberbauer muss bei Eis und Glätte damit rechnen, auf dem Weg vom Dienstgebäude zu ihrem Parkplatz hinzufallen. Sie spricht ihre Vorgesetzten auf den Umstand an. Schließlich hofft sie, dass sich im Rahmen der Fürsorgepflicht die Dienststelle für sie einsetzen wird.

Doch der Sachgebietsleiter verweist auf den Abteilungsleiter. Der Abteilungsleiter erklärt sich nicht für zuständig und verweist auf die Amtsleitung, diese wiederum auf den Dezernenten. Bei der Vorsprache bei diesem verweist dieser auf den Amtsleiter zurück.

So spricht Frau Haberbauer völlig entnervt wieder beim Amtsleiter vor mit der Bitte, ihr nun Auskunft darüber zu geben, wer denn nun tatsächlich zuständig sei. Der Amtsleiter entgegnet daraufhin eiskalt: »Ich bin zuständig! – Aber ich werde nichts unternehmen, denn ich müsste ja einen anderen, dem der Parkplatz möglicherweise nicht so dringend zusteht, vom Parkplatz verweisen. Und damit handele ich mir nur Ärger ein.« Die Situation konnte nur deshalb gelöst werden, weil Frau Haberbauer mit einem anderen Kollegen darüber gesprochen hat. Er wusste, dass ein Parkplatz demnächst frei wird. So setzte er sich in einem Gespräch mit dem Amtsleiter für die Kollegin ein.

Schlechte Organisationsstrukturen können sich auch in mangelndem Informationsfluss wiederfinden. Kompetenzen sind nicht klar geregelt, es fehlt an klaren Arbeitsplatzbeschreibungen und vielem mehr.

Häufig von Mobbing betroffen sind auch soziale Einrichtungen. Mitarbeiter in beratenden, helfenden oder sozialen Berufen sehen sich oft Angriffen ausgesetzt. Ihre Arbeit lässt sich nicht immer genau definieren. Wer kann schon genau aufschlüsseln, was in Beratungsgesprächen passiert ist. Selbst wenn die Hilfesuchenden aussagen, dass ihnen das Gespräch gutgetan hat.

Immer sind soziale Inkompetenzen der Auslöser für Mobbing. Vorgesetzte werden häufig aufgrund ihrer fachlichen Qualifikationen befördert. Bei der Beförderung spielen soziale Kompetenzen eine eher untergeordnete Rolle. Die neuen Vorgesetzten sind mit der ungewohnten Rolle heillos überfordert. Haben sie sich doch nach oben gearbeitet, um den gesellschaftlichen Aufstieg und die damit verbundene Anerkennung zu genießen. Gleichzeitig wächst der Druck, den neuen Aufgaben gerecht werden zu müssen.

Neue Führungskräfte werden leider selten auf ihre neue Rolle vorbereitet. Es wird verkannt, dass man sich Autorität bei den

Mitarbeitern hart erarbeiten muss. Vielmehr wird die Macht als Statussymbol verstanden. Jede auch noch so sachliche Kritik wird als Angriff auf die Person als Chef und dessen Kompetenzen gewertet. Demzufolge wird diese auch heftig von ihm abgewehrt.

Doch auch ständige Abwehr frisst auf Dauer Energie, und so wird in dieser Firma Kritik erst gar nicht mehr zugelassen. Wer sie dennoch äußert, muss mit Schikanen rechnen.

Bei den nächsthöheren Vorgesetzten getrauen sie sich nicht, sich mit ihren Unsicherheiten anzuvertrauen, denn sie könnten als inkompetent und führungsschwach gelten. Bei den Mitarbeitern versuchen sie anhand ihrer neu erworbenen Machtstellung Unsicherheiten auszugleichen und sich so durchzusetzen. Schnell werden dann Fehler und Unkenntnis bei anderen gesucht und abgeladen, um sich selbst in der Position halten zu können.

Ein Zurück gibt es kaum mehr, dies käme einer eigenen wie einer gesellschaftlichen Bankrotterklärung gleich. Man darf sein »Gesicht nicht verlieren«.

Dabei wäre Abhilfe einfach möglich, indem der neue Vorgesetzte Unterstützung erhält, um in seine neue Rolle hineinzuwachsen. Ein authentisches Auftreten gegenüber den Mitarbeitern sichert ihm die notwendige Unterstützung. Fehler und kaschierte Unsicherheiten spüren seine Mitarbeiter auf jeden Fall und werden entsprechend reagieren.

Mangelnde Konfliktfähigkeit ist häufig eine weitere wichtige fehlende soziale Kompetenz der Vorgesetzten.

Streitigkeiten unter Kollegen werden oftmals nicht ernst genommen. Aufgrund des Arbeits- und Zeitdrucks empfinden sie dies als »lästig« und versuchen, den Konflikt wieder auf die Ebene des Entstehens zurückzugeben. Dahinter stecken große Hilflosigkeit und Unsicherheit. In der Hoffnung, der Streit werde sich schon irgendwie von allein erledigen, wird oftmals weggeschaut.

Der Streit droht umso mehr zu eskalieren, wenn einer der Streitenden spürt, dass der Chef nicht eingreift, sondern es weiter geschehen lässt. Damit gibt der Vorgesetzte oft unfairen Verhaltensweisen eines Konfliktpartners unbewusst das Signal, sich über den anderen hinwegsetzen zu können. Mitunter steigt er durch sein dominantes Verhalten zum »heimlichen Chef« auf.

So schlimm die meisten Mobbingkonflikte auch sind, sie ließen sich oft sehr einfach aus dem Weg räumen: Indem der Vorgesetzte so früh wie möglich eingreift und das klare Signal gibt: »In diesem Betrieb oder dieser Abteilung lasse ich kein Mobbing zu. Wer sich unfair verhält, hat mit arbeitsrechtlichen Konsequenzen zu rechnen bis hin zur fristlosen Kündigung.«

Es gibt noch eine Menge andere Ursachen des Mobbings. Die oben genannten Faktoren sind nur einige Beispiele.

Neben dem unzulänglichen Verhalten des Chefs gibt es natürlich die Kollegen, die einem Gemobbten das Leben zur Hölle machen können.

Die Gründe sind ebenso vielfältig wie die Vorgehensweise der Mobber.

Es kann mit kleinen Sticheleien beginnen, weil es Spaß macht, sich über jemanden lustig zu machen. Oder man kann den Kollegen einfach nicht ausstehen. Neid auf das neue Auto, weil die Kollegin hübscher ist oder weil sie verheiratet ist oder weil sie angesehener ist als die Mobberin. Jeder noch so kleine Makel wird zum Anlass genommen, die Kollegin »klein« zu machen und das eigene Ego aufzupolieren.

Im Arbeitsleben kommen die unterschiedlichsten Menschen zusammen. Wir können uns unsere Kollegen daher selten aussuchen, so wie wir das in unserem Freundeskreis tun. Konflikte sind daher vorprogrammiert.

Früher war es im Arbeitsleben leichter, den Arbeitsplatz zu wechseln, wenn die Chemie nicht gestimmt hat. Heute ist das nicht so einfach möglich. Auch hat die Belegschaft schneller reagiert, wenn Grenzüberschreitungen begangen wurden. Nicht nur das, es war ein gesellschaftliches Tabu, das keiner gebrochen hat.

Mobbing findet in einer sich rasch ändernden Gesellschaft einen wunderbaren Nährboden. Heinz Leymann spricht bei

Mobbing ausschließlich von einzelnen Personen am Arbeitsplatz. Doch diskriminierende Haltungen finden sich dort wieder, wo Werte nicht mehr gelebt werden. Schnell finden sich Randgruppen, die für die gesellschaftlichen Defizite herhalten sollen. Seien es die Juden, Farbige, Beamte, Behinderte.

Bedauerlicherweise werden durch die Nutzung des Internets grenzüberschreitende Verhaltensweisen verstärkt. Zunehmend findet man dort Witze über Ausländer, über die man nicht mehr lachen kann. In dem teilweise massiven Auftreten der Witze und den abfälligen Humor darf der Blick ruhig mal nach innen gerichtet werden: Fühlen wir uns nur »groß«, wenn wir andere »klein« machen?

Ein ernst zu nehmendes Problem stellt auch die Gleichgültigkeit bei Übergriffen dar. Medien berichten von erschreckenden Situationen, in denen Passanten zusehen, wie auf offener Straße Mitbürger zusammengeschlagen werden und keiner eingreift. Man sieht weg.

Ähnlich geht es in den Betrieben zu. »Was geht mich das an, wenn der Kollege nebenan gemobbt wird? Ich hab genug um die Ohren, da kann ich mich nicht auch noch um seine Probleme kümmern. Das ist mir alles viel zu anstrengend.«

Vielen Medienberichten zufolge ist von einer wirtschaftlichen Entspannung zu hören. Die Firmen stellen wieder vermehrt Personal ein. So könnte man gesamtwirtschaftlich davon ausgehen, dass durch die langsame Entspannung auch das Mobbing nachlässt. Doch Umfragen führender Institute zufolge ist die Stimmung in den Betrieben weiterhin schlecht und damit immer noch ein Nährboden für Mobbing vorhanden.

Ich denke, dass Mobbing keine vorübergehende Erscheinung ist oder schon gar kein Modewort. Es gibt durch die steigenden Anforderungen und schnelleren Umwälzungen immer mehr Menschen, die damit nicht mehr zurechtkommen und aus dem gesellschaftlichen Leben herausgedrängt werden.

Deshalb möchte ich mit diesem Buch ein Zeichen setzen, sich nicht machtlos zu fühlen, sondern die Stellhebel, die wir selbst zur Veränderung beitragen können, aktiv zu nutzen.

Wir müssen bei uns selbst anfangen! Die damaligen DDR-Bürger haben es uns in wunderbarer Weise vorgemacht mit dem knappen Satz: »Wir sind das Volk.« Treffender und knapper kann man es kaum formulieren. Und Möglichkeiten zur Veränderung gibt es immer, wir müssen sie nur nutzen.

1.2 Konflikt oder Mobbing?

Woher kommt der Begriff Mobbing?

Info

»To mob« kommt aus dem Englischen und heißt übersetzt »anpöbeln, sich anfeinden«. Interessanterweise gibt es das Wort »Mobbing« nicht im Englischen.

Heinz Leymann, Professor und Arbeitspsychologe, 1932 in Wolfenbüttel geboren und 1955 nach Schweden ausgewandert, prägte das Wort als Erster in der Öffentlichkeit. Im Rahmen einer umfangreichen Forschungsarbeit Ende der 70er-Jahre stieß er auf Menschen im Arbeitsleben, die immer wieder angeprangert wurden, sie seien »schwierig«. Sein sechster Sinn hielt ihn jedoch ab, dies so zu glauben. Er spürte schon damals, dass »da irgendetwas nicht stimmen konnte«. Es folgten im Rahmen einer Studie viele weitere Interviews, in deren Verlauf sich sein Verdacht erhärtete. Er entdeckte, dass viele Menschen unter diesem Phänomen am Arbeitsplatz litten. 1984 publizierte er nach eigenen Angaben zum ersten Mal einen kurzen Bericht über das, »was er dann Mobbing nannte«. Im Juni 1991 bekam Heinz Leymann die Gelegenheit, anlässlich des Weltkongresses des Arbeitsschutzes in Hamburg einen Tag vor der Pressekonferenz über das Thema zu berichten. In den deutschen Medien schlugen die neuesten Erkenntnisse hohe Wellen. Führende Medien publizierten ausführlich zu diesem Thema und sorgten für die Verbreitung und Bekanntmachung in breiten Bevölkerungsschichten. 1993 folgte sein erstes Buch über Mobbing am Arbeitsplatz und ihren bis dahin unbekannten Folgen. Heinz Leymann ist 1999 in Stockholm verstorben.

1.3 Wie wird »Mobbing« heute definiert?

Wenn Sie sich intensiver mit dem Thema beschäftigen, werden Sie feststellen, dass die Wissenschaft mehrere Definitionen von Mobbing kennt, die sich aber in der Kernaussage ähneln. Ich bevorzuge die unten angegebene Definition, weil sie sich in kleinere

Kernaussagen zerlegen lässt. So können Sie schneller erkennen, ob es sich in Ihrem Fall um einen Konflikt oder bereits um Mobbing handelt.

Info

Definition:
Unter Mobbing wird konfliktbelastete Kommunikation am Arbeitsplatz unter Kollegen oder zwischen Vorgesetzen und Untergebenen verstanden, bei der die angegriffene Person unterlegen ist und von einer oder einigen Personen systematisch, oft und während längerer Zeit, mit dem Ziel und/oder dem Effekt des Ausstoßes aus dem Arbeitsverhältnis direkt oder indirekt angegriffen wird und dies als Diskriminierung empfindet.

Quelle: Axel Esser & Martin Wölmerath:
»Mobbing, Ratgeber für Betroffene und ihre Interessenvertretung«

Die obigen Zeilen klingen zunächst äußerst kompliziert. Deshalb schauen wir uns die Begriffe genauer an. Zunächst geht es um einen

Konflikt

Was ist nun ein Konflikt?

Ein Konflikt ist zunächst nichts anderes als eine Meinungsverschiedenheit. Konflikte treffen wir immer und überall an. Ob im Arbeitsleben oder im privaten Bereich. Und sie entstehen oft aus unterschiedlichen Kulturen, Erziehung, Wertvorstellungen sowie Erwartungen, Zielen und Stimmungen.

Wenn zwei unterschiedliche Interessen miteinander kollidieren, ist zunächst daran nichts Schlimmes.

Bei der hier vorliegenden Definition trennen die Autoren klar zwischen beruflichen und privaten Konflikten. Sie beschreiben sie als eine »konfliktbelastete Situation am Arbeitsplatz«. Dazu führen sie weiter aus »unter Kollegen oder zwischen Vorgesetzten und Untergebenen«. In diesem Fall werden die Hierarchien am Arbeitsplatz benannt. Ein Konflikt kann also sowohl unter

Kollegen als auch zwischen Vorgesetzten und Mitarbeitern entstehen.

Der eine Kollege möchte gerne bei geöffnetem Fenster arbeiten. Der andere kann nur bei geschlossenem Fenster arbeiten.

Zwei Kollegen, die in einem Büro arbeiten, wollen zur gleichen Zeit in die Frühstückspause, obwohl das Telefon ständig besetzt sein soll.

Ebenso können sich Konflikte zwischen Vorgesetzten und Mitarbeitern ergeben:

Der Vorgesetzte kritisiert den Geschäftsbrief eines Mitarbeiters, der in der Sache völlig korrekt ist.

Es geht also nicht um Stimmungen oder schlechte Launen, sondern vordergründig um sachliche Auseinandersetzungen.

Mindestens zwei Personen sind beteiligt

Ein Konflikt beginnt in der Regel mit zwei Personen. Erst im weiteren Verlauf des Prozesses werden mehrere Personen in den Konflikt mit einbezogen. Darauf komme ich später noch einmal zurück.

Ort

Bei der vorliegenden Definition bezieht sich Mobbing auf den Arbeitsplatz. Das Phänomen Mobbing tritt jedoch grundsätzlich überall auf, wo Menschen zusammentreffen.

Am Arbeitsplatz trifft es uns am härtesten, weil wir uns in den westlichen Industrienationen fast ausschließlich über den Arbeitsplatz definieren.

Verlieren wir den Arbeitsplatz, fühlen wir uns in der Gesellschaft wertlos und ausgegrenzt. Das Selbstbewusstsein leidet sehr stark darunter. Außerdem wird über das liebe Geld der gesamte Lebensstandard oder sogar unsere Existenz infrage gestellt.

Dauer

Heinz Leymann spricht in diesem Zusammenhang davon, dass die Attacken

- mindestens 1 × wöchentlich und
- mindestens 6 Monate andauern, wenn von Mobbing gesprochen werden kann.

Dies sollten Sie bitte nur als einen aus Forschung gewonnenen Anhaltspunkt sehen und keineswegs dogmatisch.

In meiner Praxis rufen oft verunsicherte Klienten an und beginnen das Gespräch mit: »Ich weiß jetzt gar nicht, ob ich bei Ihnen richtig bin. Ist das, was ich zur Zeit erlebe, denn überhaupt Mobbing?«

In der Beratungssituation ist es zunächst nicht entscheidend, ob sich der Klient in einem Konflikt befindet oder ob er bereits Mobbing erlebt. Viel ausschlaggebender sind die eigenen Gefühle, Emotionen sowie Körperreaktionen und das eigene gefühlte Leiden, das ihn veranlasst, Unterstützung in Anspruch zu nehmen, denn jeder reagiert unterschiedlich auf Konflikte.

Eine weitere Rolle bei der Bewältigung von Meinungsverschiedenheiten spielen die eigene Erfahrung, Kulturen, Werte und Glaubenssätze. Manche Menschen sprechen Konflikte gleich an, andere warten ab oder »sitzen« den Konflikt gar aus. Auch spielt das Geschlecht durchaus eine Rolle.

Männer neigen eher dazu, Konflikte auszusitzen, herunterzuspielen oder sie erst gar nicht anzusprechen. Oft wollen sie die Sache mit sich ausmachen. Frauen hingegen haben das Bedürfnis, darüber zu sprechen, und schauen sich frühzeitiger nach Hilfsangeboten um.

Demzufolge gehen Menschen unterschiedlich mit dem Prozess um. Manche Menschen reagieren schon nach wenigen Tagen oder Wochen mit körperlichen Anzeichen. Andere wiederum können dem Konflikt wochenlang standhalten. Sensiblere Menschen haben eine sichere Spürnase, wann hier »etwas nicht stimmt«. Sie reagieren frühzeitiger – und leider auch schneller unter körperlichen Reaktionen. Sie können aufgrund des guten Bauchgefühls frühzeitiger Hilfe aufsuchen und spüren, wann sie nicht mehr allein mit einem Problem zurechtkommen.

»Seit der neue Chef in unsere Abteilung gekommen ist, herrscht bei uns so eine merkwürdige Stimmung. Nach außen werden die gleichen Späße gemacht und jeder arbeitet wie bisher weiter. Und trotzdem spürt man, dass da etwas in der Luft liegt. Anfangs habe ich mir gar nicht erklären können, woher das kommt. So richtig gemerkt hat man das, als der Neue in Urlaub war. Alle Kollegen waren dann irgendwie lockerer drauf, die Atmosphäre war entspannter.«

Position

Zu Beginn des Prozesses sind beide Konfliktpartner in der gleichen Ausgangsposition. Das Kräfte- bzw. Machtverhältnis ist selbst im Vorgesetzten-Mitarbeiter-Verhältnis auf beiden Seiten klar und ausgewogen, und beide Parteien haben eine faire Chance, ihre unterschiedlichen Meinungen auszutauschen.

Die Meinung des anderen wird respektiert, es wird ehrlich und fair nach einer Lösung gesucht.

Je länger der Konflikt andauert, desto mehr wird einer Konfliktpartei die Chance verweigert, sich zu äußern, während die andere alle Rechte für sich in Anspruch nimmt. Die Meinungen verhärten sich. Es kommt zu Rollenzuweisungen von Täter und Opfer. Dem anderen wird zunehmend die Chance genommen, seine Interessen zu vertreten. So wird er z. B. in seinen Äußerungen unterbrochen, seine Meinung wird herablassend bewertet, seine Bedürfnisse werden zunehmend ignoriert. Oftmals werden Diskussionen nicht mehr auf der Sachebene ausgetragen, vielmehr werden die Angriffe auf emotionaler Ebene ausgetragen.

»Ach, die Schmitten schon wieder. Wenn die was sagt, kommt doch eh nichts Gescheites dabei raus. Als ob die Ahnung von was hätte. Die soll sich doch lieber die Fingernägel lackieren, das kann sie wenigstens.«

»Waaas, ich soll das Fenster schließen, nur weil Ihnen kalt ist? Ziehen Sie doch gefälligst einen dicken Pullover an! Kein Wunder, mit so einer dünnen Bluse würde ich auch frieren.

Das Fenster ist auf meiner Seite, also bleibt es auch offen.«

Der Betroffene fühlt sich mit diesen Äußerungen an die Wand gedrückt.

Ziel

Das Ziel ist die Ausgrenzung der inzwischen unterlegenen Partei. Dies kann bewusst oder unbewusst geschehen. Entscheidend ist dabei, dass Mobbing mit System geschieht.

Zu Beginn des Prozesses kann das Ziel zunächst unklar und undifferenziert sein.

Wer wird schon offen zugeben, dass er den neuen Kollegen nicht mag, weil er die gleiche Arbeit in der halben Zeit erledigt? Und er wird sicherlich ebenso wenig ein offenes Gespräch suchen, um über seine Ängste zu sprechen. Schließlich muss er damit rechnen, dass der Chef ihn früher oder später auf seine Leistung anspricht.

Stattdessen wird er bei dem neuen Kollegen gezielt nach Schwächen suchen, um ihm Paroli bieten zu können. So glaubt er, seinem Kollegen überlegen zu sein. Mit zunehmender Eskalation und Hinzuziehung weiterer Personen während des Konfliktes sehen die Beteiligten nur noch die Lösung darin, den Gemobbten am Arbeitsplatz loszuwerden.

Das obige Beispiel zeigt die eher bewussten Reaktionen auf. Es gibt natürlich auch Eskalationsprozesse, die zu Beginn eher unbewusst geschehen.

Beispiel

Petra arbeitet in einer kleinen Abteilung einer Marketingfirma. Sie fühlt sich dort wohl und hat ein gutes Verhältnis zu ihren Kollegen. Eines Tages kommt Paul in die Abteilung. Dieser ist von Anfang an sehr beliebt. Auch Petra findet ihn sympathisch. Sie verbringen öfter gemeinsam die Mittagspause. Doch nach einiger Zeit wünscht sich Paul mehr Zuwendung von Petra und hofft auf einen Flirt mit ihr. Petra möchte es jedoch bei dem freundschaftlich kollegialen Kontakt belassen. Danach wendet sich das Blatt. Paul reagiert aggressiver und macht sich hinter ihrem Rücken über sie lustig, indem er unter anderem ihre Tischmanieren im Beisein der Kollegen imitiert. Petra fühlt sich zunehmend angegriffen und aus dem Kollegenkreis ausgeschlossen. Obwohl Petra ihn mehrmals darauf anspricht, ist Paul nicht bereit, sein Verhalten zu ändern. Schließlich bricht der Kontakt zwischen beiden komplett ab. Aus Ärger, einen Korb von ihr erhalten zu haben, verbeißt sich Paul immer mehr in die Situation.

Zu Beginn des Prozesses macht es Paul Spaß, sich über Petra lustig zu machen. Obwohl er unfair handelt, hat er anfangs nicht die Absicht, seine Kollegin auszugrenzen. Erst als die Situation eskaliert, verhält er sich zunehmend diskriminierend gegenüber Petra, um sie aus dem Kollegenkreis auszuschließen.

Mit zunehmender Eskalation wird Mobbing gezielt und mit System betrieben.

Um die oben erläuterte Definition zu vereinfachen, kann man auch sagen:

Grundsätzlich gilt: Wenn Kränkungen krank machen, spricht man von Mobbing.
Es beginnt mit einem Konflikt, der eskaliert, oft schleichend ist und in Mobbing münden kann.

1.4 Doch nur ein Konflikt?

Nehmen wir uns nun die einzelnen Punkte des letzten Abschnittes vor, um zu prüfen, ob in Ihrem Fall mit hoher Wahrscheinlichkeit kein Mobbing vorliegt, sondern es sich um einen normalen Konflikt handelt.

In der Praxis bleibt immer eine »Grauzone«, das heißt ein fließender Übergang, der es erschwert, eine eindeutige Zuordnung zu erlauben.

Konflikt
Solange beide Konfliktparteien in Auseinandersetzungen adäquat und fair miteinander umgehen, hat jeder eine Chance. Beide Parteien haben ein Interesse daran, den Konflikt zu bereinigen, und sind bereit, die Wünsche und Bedürfnisse der anderen Seite zu respektieren und zu achten und in die eigenen Entscheidungen mit einfließen zu lassen. Oftmals ergeben sich daraus Kompromisse, mit denen beide Seiten leben können.

Mindestens zwei Personen
Solange die Auseinandersetzung zwischen den zwei Streitpartnern ausgetragen wird, kann davon ausgegangen werden, das es sich um einen Konflikt handelt. Erst wenn versucht wird, gezielt andere in den Prozess hineinzuziehen, wird eine Grenze überschritten. Oftmals wird dadurch versucht, eigene Standpunkte zu untermauern, indem behauptet wird: »Schau, wie viele meiner Ansicht sind. Deshalb habe ich recht – und du unrecht!«

Dauer
Ein einzelnes Türenschlagen, das laut gewechselte Wort oder das Schmollen des Kollegen ist zunächst kein Grund, beunruhigt zu sein.

Oft werde ich in meinen Seminaren nach einem eindeutigen Zeitraum gefragt.

Diese Frage ist deshalb so schwierig zu beantworten, weil jeder anders auf Konflikte reagiert. Ich gebe als kleinen Anhaltspunkt den Tipp, nach etwa zwei Wochen eine Grenze zu setzen. Danach sollten sich die Konfliktparteien annähern, wenigstens aber ins Gespräch kommen.

Position
Solange beide Parteien gleiche Rechte haben, sich gegenseitig aufrichtig zuhören und sich achten, kann von einem Konflikt ausgegangen werden.

Ziel
Idealerweise sollte das Ziel sein, eine »Win-Win-Situation« zu schaffen.

Beide Parteien bleiben gesprächsoffen. Keiner fühlt sich unterlegen. Es findet sich eine Lösung, mit der beide Parteien umgehen können und bei der keiner als Verlierer dasteht.

Beispiel

Frau Bauer arbeitet gerne bei stets gekipptem Fenster. Ihr ist immer warm.

Auch im Winter braucht sie »stets frische Luft«, wie sie sagt.

Frau Keller hingegen findet es im Zimmer zugig. Ihr kann es nicht warm genug sein. Zudem leidet sie im Winter unter häufigen Erkältungen. Nach einem gemeinsamen Gespräch finden beide Kolleginnen zu einer Lösung: In regelmäßigen Abständen wird gelüftet und das Fenster komplett geöffnet. In der übrigen Zeit bleibt das Fenster geschlossen.

1.5 Checkliste körperlicher Symptome

Die Checkliste hilft Ihnen, einen Überblick über Ihren augenblicklichen Zustand zu erhalten. Haben Sie sehr häufig Kreuze bei »sehr oft oder ständig« oder bei »oft« gemacht, so sollten Sie so schnell wie möglich einen Arzt aufsuchen und Ihre Beschwerden vortragen. Dabei können Sie die Checkliste als hilfreiche Unterstützung zu Ihrem Arztbesuch mitbringen. Dieser kann sich dann anhand der Anhaltspunkte schneller einen Überblick verschaffen. Es gehen keine wichtigen Informationen verloren.

Auch bei wichtigen Terminen beim Rechtsanwalt, Gutachter, Beratungsstelle kann die Liste als hilfreiche Stütze dienen.

Welche der folgenden Beschwerden hatten Sie innerhalb der letzten 12 Monate?

Ich habe die Checkliste durchgearbeitet am:	**Sehr oft bzw. ständig**	**Oft**	**Weniger oft bzw. selten**	**Nie**
Kopfschmerzen				
Schwindel				
Ohnmachtsanfälle				
Sehstörungen				
Gedächtnisstörungen				
Konzentrationsschwierigkeiten				
Einschlafstörungen				
Unterbrochener Schlaf				
Frühzeitiges Aufwachen				
Albträume				
Bauch-/Magenschmerzen				
Durchfall				
Verstopfung				
Erbrechen				
Übelkeit				
Appetitlosigkeit				
Rückenschmerzen				
Nackenschmerzen				
Muskelschmerzen				
Zittern				
Kloß im Hals				

Ich habe die Checkliste durchgearbeitet am:	**Sehr oft bzw. ständig**	**Oft**	**Weniger oft bzw. selten**	**Nie**
Schwäche in den Beinen				
Druck auf der Brust				
Schweißausbrüche				
Trockener Mund				
Herzflattern				
Atemnot				
Wallungen				
Niedergeschlagenheit				
Depression				
Ohne Initiative, apathisch				
Ohne Antrieb				
Weinen				
Unbestimmte Ängste				
Leichte Gereiztheit				
Rastlosigkeit				
Aggression				
Gefühl der Unsicherheit				
Versagensangst				
Existenzangst				
Einsam, kontaktarm				

Quelle: Auszug aus dem LIPT-Fragebogen nach Prof. Heinz Leymann

Sie können den Gutachter darauf hinweisen, dass der Fragebogen zu den Untersuchungsunterlagen genommen werden soll. So haben Sie eine höhere Sicherheit und den schriftlichen Nachweis, dass die ausgestellten Gutachten auch tatsächlich Ihren Schilderungen entsprechen und berücksichtigt werden. Vergessen Sie nicht, sich vorher eine Kopie für Ihre eigenen Unterlagen anzufertigen, bevor Sie diese an Dritte aushändigen.

Sie haben weiterhin die Möglichkeit, den Fragebogen in regelmäßigen Zeitabständen zu wiederholen. So können Sie überprüfen, ob sich Ihr Gesundheitszustand verbessert oder verschlechtert hat, und dies zu Ihrem Mobbingtagebuch hinzufügen.

Können Sie mit Bestimmtheit sagen, dass alle oben aufgeführten Symptome ausnahmslos mit der momentanen Arbeitsplatzsituation im Zusammenhang stehen?

Beispiel

Sie geben oben häufiges »Weinen« an. Die Ursache ist Verlust eines nahestehenden Verwandten. Oder: Sie geben »unterbrochener Schlaf« an. Die Ursache ist ein akut verstauchter Fuß. Die damit verbundenen Schmerzen lassen Sie immer wieder nachts aufwachen. In diesen Beispielen steht offensichtlich das Symptom nicht in Zusammenhang mit dem Konflikt.

1.6 Mobbinghandlungen

Wie sehen die Mobbinghandlungen nun genau aus? Die nachfolgende Auflistung hilft Ihnen, die einzelnen Handlungen klarer definieren zu können und mithilfe unterstützender Stellen eine Handlungsstrategie zu entwickeln. Leymann entwickelte dazu den folgenden Fragebogen. Dabei unterteilte er die Handlungen in fünf Angriffsebenen.

Die nachstehenden Fragen innerhalb des genannten Zeitraumes sollen ausschließen, dass eine einzelne Handlung als Mobbing dargestellt wird. Dadurch lässt sich die dahinter stehende Systematik transparent aufzeigen. Auch hier haben Sie ergänzende Hinweise für Ihr Tagebuch sowie zur Darlegung bei unterstützenden Stellen.

Waren Sie innerhalb der letzten 12 Monate einigen der folgenden Handlungen ausgesetzt?

1. Angriffe auf die Möglichkeiten, sich mitzuteilen

Ihr Vorgesetzter schränkt die Möglichkeit, sich zu äußern, ein	
Andere Personen schränken Ihre Möglichkeit, sich zu äußern, ein	
Sie werden ständig unterbrochen	

Ergänzen Sie diesen Abschnitt durch eigene Beobachtungen.

Man übt Druck auf folgende Weise auf Sie aus:

Man schreit Sie an, schimpft laut mit Ihnen	
Ständige Kritik an Ihrer Arbeit	
Ständige Kritik an Ihrem Privatleben	
Telefonterror	
Mündliche Drohungen	
Schriftliche Drohungen	

Ihnen wird der Kontakt auf folgende Weise verweigert:

Abwertende Blicke oder Gesten mit negativem Inhalt	
Andeutungen, ohne dass man etwas Direktes ausspricht	

Ergänzen Sie diesen Abschnitt durch eigene Beobachtungen.

2. Angriffe auf die sozialen Beziehungen
Sie werden systematisch isoliert

Man spricht nicht mit Ihnen	
Man will von Ihnen nicht angesprochen werden	
Sie werden an einem Arbeitsplatz eingesetzt, an dem Sie von den anderen isoliert sind	
Den Arbeitskollegen wird verboten, mit Ihnen zu sprechen	
Sie werden wie Luft behandelt	

Ergänzen Sie diesen Abschnitt durch eigene Beobachtungen.

3. Angriffe auf die Qualität der Berufs- und Lebenssituation
Ihre Arbeitsaufgaben werden geändert, um Sie zu bestrafen

Sie bekommen keine Arbeitsaufgabe zugewiesen, Sie sind lediglich anwesend	
Sie bekommen sinnlose Arbeitsaufgaben zugewiesen	
Sie werden für gesundheitsgefährdende Arbeitsaufgaben eingesetzt	
Sie erhalten Arbeitsaufgaben, die weit unter Ihrem Können liegen	
Sie werden ständig zu neuen Arbeitsaufgaben eingeteilt	
Sie erhalten kränkende Arbeitsaufgaben	

Ergänzen Sie diesen Abschnitt durch eigene Beobachtungen.

4. Angriffe auf das soziale Ansehen

Man spricht hinter Ihrem Rücken schlecht über Sie	
Man verbreitet falsche Gerüchte über Sie	
Man macht Sie vor anderen lächerlich	
Man verdächtigt Sie, psychisch krank zu sein	
Man will Sie zu einer psychiatrischen Untersuchung zwingen	
Man macht sich über eine Behinderung, die Sie haben, lustig	
Man imitiert Ihren Gang, Ihre Stimme und Gesten, um Sie lächerlich zu machen	
Man greift Ihre politische oder religiöse Weltanschauung an	
Man macht sich über Ihre Verwandten und Bekannten lustig	
Man greift Ihre Herkunft an bzw. macht sich darüber lustig	
Sie werden gezwungen, Arbeiten auszuführen, die Ihr Selbstbewusstsein verletzen	
Man beurteilt Ihre Arbeit in falscher und kränkender Weise	
Man stellt Ihre Entscheidungen infrage	
Man ruft Ihnen obszöne Schimpfworte oder andere entwürdigende Ausdrücke nach	
Man macht sexuelle Annäherungen oder sexuelle Angebote in Form von Worten und Gesten	
Man macht sich über Ihr Aussehen oder ihre Kleidung lustig	
Man versucht sexuelle Annäherungen oder macht sexuelle Anspielungen	

Ergänzen Sie diesen Abschnitt durch eigene Beobachtungen.

5. Angriffe auf die Gesundheit

Gewalt und Gewaltandrohung

Sie werden zu Arbeiten gezwungen, die Ihrer Gesundheit schaden	
Sie werden trotz Ihres schlechten Gesundheitszustandes zu gesundheitsschädlichen Arbeiten gezwungen	
Man droht Ihnen mit körperlicher Gewalt	
Man wendet leichtere Gewalt gegen Sie an, um Ihnen z. B. einen Denkzettel zu verpassen	
Sie werden körperlich misshandelt	
Jemand verursacht Ihnen Kosten, um Ihnen zu schaden	
Jemand richtet an Ihrem Heim, Fahrzeug oder an Ihrem Arbeitsplatz Schaden an	
Es kommt Ihnen gegenüber zu sexuellen Handgreiflichkeiten	

Ergänzen Sie diesen Abschnitt durch eigene Beobachtungen.

Andere Vorkommnisse oder Situationen, die Sie nennen wollen:

____

____

____

____

Quelle: Leymann, Mobbing am Arbeitsplatz

1.7 »Bossing«: Wenn der »Boss« selbst mobbt

Das Wort »Boss« ist seit vielen Jahren auch im deutschen Sprachgebrauch als Begriff für Chef oder Vorgesetzter geläufig. Bossing bedeutet, dass der oder die Vorgesetzte einen Untergebenen schikaniert.

Bossing betrifft also nicht den Fall, dass der unmittelbare Vorgesetzte nicht hilft, sondern den Fall, dass der Vorgesetzte selbst mobbt. Es kann sich auch um einen Vorgesetzten auf höherer Hierarchieebene handeln.

Egal, auf welcher Ebene der mobbende Boss steht, es sollte überlegt werden, die nächsthöhere Ebene zu informieren. Es kommt auch im Falle von Bossing nicht selten vor, dass von den unteren Ebenen versucht wird, das Geschehen zu vertuschen. Dann weiß die nächste Instanz gar nichts davon. Sie könnte durchaus helfend eingreifen. Voraussetzung dazu ist natürlich auch hier, dass die nächsthöhere Ebene entsprechend vertrauenswürdig ist.

Hier gilt das, was im Kapitel »Vorgesetzter höherer Instanz« (s. S. 96f.) später angesprochen wird:

Ihr Vorgesetzter wird keineswegs begeistert sein, wenn Sie seinen Vorgesetzten vom Bossing in Kenntnis setzen. Schließlich spiegeln Sie ihm seine Schwächen. Ist er selbst ins Bossing involviert, sieht er sich bedroht und hat das Gefühl, Sie fallen ihm in den Rücken. Letztendlich geht es um aber um Ihren Job, um Ihre Gesundheit und um Ihre Lebensqualität. Sie geben dem oder der unteren Vorgesetzten indirekt das Signal, Sie weiter zu schikanieren, wenn Sie nichts tun, wenn Sie keine Grenzen setzen.

Wo Vorgesetzte Widerstand spüren und sich für ihr eigenes Verhalten rechtfertigen müssen, werden sie es sich reiflicher überlegen, Grenzen zu überschreiten. Sie müssen bei wiederholtem Anlass nämlich damit rechnen, ihren Job zu verlieren. Auch Vorgesetzte gilt es also in solchen Fällen in ihre Schranken zu verweisen.

Es ist nicht zu unterschätzen, wie sauber und korrekt Vorgesetzte arbeiten, wenn ihnen Repressalien drohen und ihnen bewusst wird, dass die Gemobbten nicht davor zurückschrecken, Unverschämtheiten aufzudecken und sich zu wehren und notfalls ihr Recht auch einzuklagen, bzw. wenn ihr Handeln von außen beobachtet wird.

Sie sind Ihrem direkten Vorgesetzten einen Schritt voraus, wenn Sie rechtzeitig den Mut haben, die Situation anzusprechen. Bekommt Ihr direkter Vorgesetzter den Konflikt nicht in den Griff, müssen Sie damit rechnen, dass er Unterstützung bei der nächsthöheren Ebene sucht. Um diese auf seine Seite zu ziehen, wird er den Konflikt aus seiner Sicht schildern. Um nicht selbst im schlechten Licht dazustehen, sucht er regelmäßig einen Sündenbock für den Konflikt. Ihnen ist klar, wer dies sein wird: der bereits Gemobbte – Sie. Damit ist der oder die Schuldige bereits gefunden, bevor Sie das Gespräch suchen.

Wenn Sie sich also nicht an die nächsthöhere Ebene wenden, riskieren Sie, dass Sie irgendwann gefragt werden, warum Sie nicht gekommen sind. Werden Sie früher oder später zum Gespräch geladen, müssen Sie sich womöglich anhören, dass eingegriffen worden wäre, wenn Sie nur rechtzeitig gekommen wären. Selbst wenn das nicht ernst gemeint sein sollte, haben Sie auch der nächsthöheren Ebene die Argumente unbewusst zugespielt und Ihnen wird einmal mehr der »Schwarze Peter« zugeschoben. Im schlimmsten Fall wird die nächsthöhere Ebene misstrauisch und glaubt Ihnen nicht, dass Sie solche Vorkommnisse nicht melden, wenn Sie sich doch im Recht glauben. Sollte es in Ihrem Fall nicht ratsam sein, wegen des Bossings das Gespräch mit der nächsthöheren Ebene zu suchen, dann sollte die Antwort auf die Frage »Warum haben Sie nichts gesagt bzw. getan?« geklärt sein, d.h., Sie sollten Ihre Antwort für sich geklärt haben und wissen, ob und was Sie sagen, wenn diese Frage gestellt wird.

Nun fragen Sie sich aber vielleicht: Was ist, wenn ich nicht in einem großen, sondern in einem kleinen Unternehmen arbeite und es über meinem Chef oder meiner Chefin gar keine nächsthöhere Ebene gibt?

In diesem Fall können Sie die Situation schon bei den ersten Anzeichen Ihrem Chef gegenüber direkt ansprechen, oder Sie suchen einen anderen, individuellen Ausweg. Wo stehen Sie? In welcher Konfliktphase befinden Sie sich? Was ist bisher vorgefallen? Wie geht es Ihnen, wie fühlen Sie sich? Wie können beide Seiten bei der Lösung des Konflikts ihr Gesicht wahren? Welche Möglichkeiten kommen in Betracht? Diese Fragen müssen im Rahmen Ihrer individuellen Gesprächsvorbereitung auch geklärt werden, ebenso wie die Frage nach dem richtigen und besten Weg für Sie. In Ihrem Fall hilft eine professionelle Beraterin mehr als alle anderen Versuche, sich mitzuteilen. Und: Sie kann Ihnen helfen, die Situation zu bewältigen. Ihre Situation ist keineswegs ausweglos. Es gibt zwar bei flachen Hierarchien und in kleinen Unternehmen weniger unterschiedliche Handlungsmöglichkeiten, aber das muss nicht weniger effektiv sein. Nehmen Sie professionelle Hilfe als Hilfe zur Selbsthilfe für sich in Anspruch!

Überlegen Sie in allen Fällen sehr genau, ob Sie wirklich allein zum Gespräch gehen wollen. Nur wenn Sie wirklich wissen, dass Sie auf gute Rückendeckung zählen können, können Sie den Versuch allein wagen.

Ob die Rückendeckung, die Sie erwarten, tatsächlich vorhanden ist bzw. ausreicht, ist eine der wichtigen Fragen, die vorher gründlich durchdacht und beantwortet werden müssen. Oftmals wird die Situation vom Betroffenen nicht ganz richtig eingeschätzt. Andere nach ihrer Wahrnehmung zu befragen, kann daher richtig und wichtig sein, aber vielleicht nicht unbedingt ratsam. Man sollte sich durch die Klärung der Stimmungslage keine Feinde machen, keine Freunde vergraulen. Daher gilt es, immer gut überlegt zu handeln. Sinnvolles Vorgehen kann besser mit einer Beraterin geplant werden als allein, weil die Situation dann – auch Ihnen – klarer wird, weil »vier Augen mehr sehen als zwei«.

Auch in den Konstellationen mit guter Rückendeckung ist es in den meisten Fällen sinnvoll, einen neutralen Zeugen mitzunehmen. Das sollte eine Person sein, die gegebenenfalls auch vor Gericht aussagen kann. Dies können interne Hilfsangebote oder externe Berater leisten. Bei internen Hilfsangeboten sollten Sie aber bedenken, dass der sehr mutig sein muss, denn er ist einerseits in der Regel auch von seinem Arbeitsplatz abhängig und kann andererseits als Helfer selbst Gefahr laufen, gleichzeitig oder später auch Mobbing- bzw. Bossingopfer zu werden, weshalb in einer solchen spannungsgeladenen Gesprächssituation oft eine externe Beraterin sinnvoller ist.

Vergessen Sie auch hier nicht: Ein falscher Satz oder eine im Affekt gemachte Aussage kann den Job kosten. Aussagen ohne Zeugen können »gegen Sie« verwendet werden. Schützen Sie sich vor eventuellen Repressalien im Vorfeld!

Auch in Bossing-Fällen gilt: Eine einmalige Aktion reicht oftmals nicht aus, um das Bossing einzugrenzen.

Vielmehr braucht man Ausdauer, denn auch BosserInnen werden versuchen, den Druck auf Sie zu erhöhen, weil sie Angst bekommen, dass ihre unfairen Attacken an die Öffentlichkeit gelangen. Überdenken Sie, ob Sie den Mut zum konsequenten Handeln haben und wo Sie sich bereits vorher Kraft holen können, um dem Druck standzuhalten!

Es lohnt sich oftmals, Geduld aufzubringen, denn irgendwann geben auch BosserInnen entweder auf oder machen nachweisbare Fehler, denn Bossing kostet auf beiden Seiten Energie und erzeugt auf beiden Seiten Stress.

Selbst wenn Sie dieses Bossing nicht zu ihren Gunsten beenden können, werden Sie gestärkt aus der Konfliktsituation hervorgehen. Weil Sie dies ausstrahlen, werden Sie entweder nicht mehr in eine solche Situation gelangen oder beim nächsten Mal bestimmt Erfolg haben. Der erreichte Erfolg wird Sie zeitlebens stärken, und für den Rest Ihres Lebens werden Sie das Gefühl haben, dass Sie nichts und niemand aus der Bahn werfen kann.

2 Der Verlauf des 5-Phasen-Modells nach Heinz Leymann

Dieses Modell veranschaulicht sehr deutlich den Weg vom Konflikt zum Mobbing. Mobbing nimmt einen anderen Verlauf, als Konflikte es tun.

Die einzelnen Phasen sind in verschiedene Abschnitte unterteilt: Zu Beginn stelle ich den charakteristischen Verlauf der jeweiligen Phase dar. Danach zeige ich die typischen körperlichen Reaktionen der jeweiligen Phase auf. Im dritten Abschnitt erläutere ich, wie Außenstehende häufig reagieren, und zum Schluss stelle ich Ihnen Lösungsansätze vor.

Letztendlich müssen bei der Suche nach einer passenden Strategie immer das persönliche Umfeld, die Erfahrung, die bisher unternommenen Schritte wie auch individuelle Stärken des Einzelnen berücksichtigt werden, um das optimale Ergebnis zu erzielen.

1. Phase: Ein Konflikt bricht aus

Was passiert in dieser Phase?

Wie bereits in den vorherigen Kapiteln beschrieben, haben zwei Menschen unterschiedliche Meinungen zu einem Thema. Streit gehört zum Alltag, und wir machen uns auch keine allzu großen Sorgen, solange sich die Konfliktpartner einigen können. Meinungsverschiedenheiten bieten auch Chancen für beide Seiten der Konfliktpartner: Die Sichtweise des anderen kennenzulernen, kann eine große Bereicherung darstellen. Oft entstehen gerade durch Konflikte neue Ideen, Handlungsweisen und damit verbundene Aktionen.

Nicht selten wird aber auch bei einem neuen Kollegen ausprobiert, wie er denn so reagiert und ob »man es mit ihm machen kann«. So passiert es nicht selten, dass bereits in den ersten Tagen ein Mobbingopfer ausgeguckt und gefunden wird. Das Tückische an der Sache ist, dass jede Reaktion im Grunde als falsch interpretiert werden kann. Wehrt man sich und setzt gleich zu Beginn Grenzen, heißt es womöglich: »*Der hat ja Haare auf den Zähnen und keinen Sinn für Humor.*« Wer möchte sich das schon nachsagen lassen?

Der Spaßvogel wiederum kann sich jederzeit geschickt aus der Affäre ziehen, indem er behauptet: »*Das war doch nur ein Scherz. Stell dich nicht so an!*« Möglicherweise zieht er noch beleidigt ab und verbreitet bei den Kollegen: »*Der Neue versteht wohl gar keinen Spaß. Ist wohl so ein trockenes Brötchen, das zum Lachen in den Keller geht.*«

Wehrt sich der neue Kollege hingegen nicht, kann das Verhalten als Schwäche ausgelegt werden. »*Der kriegt den Mund nicht auf, mit dem kann man es machen.*«

Wie reagieren die Umstehenden?

Zu Beginn der Streitigkeiten sind die Umstehenden emotional kaum eingebunden. Meist suchen die Konfliktparteien zunächst auch keine Hilfe, sondern lösen den Konflikt untereinander. Bei üblen Späßen innerhalb des Kollegenkreises kommt es auch auf die Reaktionen der Umstehenden an. Hat der Angreifer die Lacher auf seiner Seite, kann er sicher sein, dass er weiterhin grenzüberschreitend agieren kann. Schließlich verlässt er sich auf die Unterstützung seiner Kollegen.

Körperreaktionen:

Jeder Streit löst durch den körperlichen Stress auch Symptome aus. Je nach Heftigkeit und persönlicher Reaktion können erste Anzeichen auftreten wie:

- Schlaflosigkeit
- Spätes Einschlafen und/oder

- Frühes Aufwachen
- Magenschmerzen
- Allgemeines Unwohlsein
- Kopfschmerzen
- Trockener Mund
- Weiche Knie
- Grübeln
- Schlechte Konzentration
- Unruhegefühl in der Herzgegend

Lösungsansätze

In dieser Phase sollte genau hingeschaut werden:

Ist der Konfliktpartner gesprächsbereit?

Ist er offen für Lösungsvorschläge und Lösungen?

Wird der Konflikt auf der Sachebene ausgetragen?

Habe ich das Gefühl, mich dem anderen gegenüber rechtfertigen zu müssen? Nimmt mich der Konfliktpartner ernst und fühle ich mich im Gespräch wertgeschätzt?

Gibt es häufiger heftigen Streit?

Wird der Streit zunächst unter den Partnern ausgetragen oder werden Kollegen involviert oder Vorgesetzte dazugeholt?

All diese Fragen helfen, rechtzeitig im Vorfeld zu handeln, um einer möglichen Eskalation vorzubeugen und den Konflikt richtig einzuschätzen. Gerade in der ersten Phase stehen die Chancen am größten, den Konflikt in den Griff zu bekommen und aktiv zu handeln.

Die Reaktionen sind abhängig vom kollegialen Umfeld, dem gesamten Betriebsklima und auch von der eigenen Persönlichkeit. Deshalb sollten auch die Lösungsstrategien individuell erarbeitet werden.

Bei einem guten Betriebsklima werden Kollegen mit einem entsprechenden Feingefühl agieren. Entweder sie lassen den Angreifer stehen und zeigen keine Reaktion. Dann spürt der Angreifer, dass er keine Rückendeckung erhält, und die Späße hören meist von selbst auf. Kollegen, die wissen, was dahintersteckt, werden den Angreifer durchaus in seine Schranken weisen. Das kann direkt in der Gruppe oder in einem Vier-Augen-Gespräch geschehen.

Deshalb ist es bereits in der ersten Phase wichtig zu beobachten, was passiert.

Behalten Sie also den Konflikt im Auge. Geht es um Scherze über die eigene Person, dann sollten auch klare Grenzen gesetzt werden. Manchmal ist es hilfreich zu erläutern, warum man die Scherze nicht mag. Kurze Erklärungen wirken wahre Wunder, und die Kollegen können sich darauf einstellen. Nicht immer sind sich Kollegen bewusst, wie verletzend Bemerkungen für den anderen sein können.

Letztlich kommt es auch darauf an, wie und wann ich meine Botschaft anbringen will. Ob ich dies direkt in der Runde ansprechen möchte, dem Spaßvogel allein sage oder auch einen günstigen Zeitpunkt abwarte, einen Kollegen meines Vertrauens darauf anzusprechen. *»Du, sag mal, der Müller war ja letztens in der Kantine ganz schön spaßig drauf. Macht der immer so derbe Witze?«*

Anders gestaltet sich die Gegenstrategie bei einem handfesten Streit. Auf jeden Fall sollten Sie frühzeitig aktiv werden. Warten Sie nicht zu lange ab in der Hoffnung, dass sich das schon wieder geben wird. Manche Angreifer interpretieren fehlende Reaktionen als Schwäche des anderen. Sie glauben, jetzt können sie erst richtig loslegen. Deshalb empfiehlt es sich in jedem Fall, zu reagieren und den anderen frühzeitig in seine Schranken zu weisen. Sprechen Sie den Konfliktpartner an. Versuchen Sie, ihm zu vermitteln, dass Sie für eine Lösung offen sind. Das Aushandeln klarer Regeln stellt häufig für beide Seiten einen Gewinn dar. Bleibt der Konfliktpartner schwammig oder weicht aus, so kann dies ein möglicher Hinweis auf die fehlende Bereitschaft, den Konflikt auszutragen, sein.

Wenn der Kollege mit Schweigen reagiert, kann es zu Beginn des Konfliktes zunächst nützlich sein, ihm seinen Rückzug zu gewähren. Nach ca. 10–14 Tagen sollte er wieder Gesprächsbereitschaft zeigen. Andernfalls droht der Konflikt zu eskalieren.

Manchmal hilft es, ihn ganz normal anzusprechen und über einen Streit hinwegzusehen.

Die meisten haben ein sicheres Gespür dafür, wenn »etwas bei diesen Streitigkeiten nicht stimmt«. Das Klima kann anders sein, der Kollege reagiert nicht wie gewohnt.

Wenn Sie sich nicht sicher sind, fragen Sie andere Kollegen. Vielleicht ist anderen schon Ähnliches aufgefallen, und Sie haben die Sicherheit, dass Sie mit Ihrem Gefühl nicht allein sind. Wenn der Kontakt zum Chef stimmig ist, kann dieser auch um Rat und Unterstützung gefragt werden. Kommen Sie nicht weiter, können Sie das Gespräch mit internen Hilfsstellen wie Personalrat/Betriebsrat suchen oder nehmen Sie Kontakt zu einer neutralen Beratungsstelle auf.

Eine professionelle und seriöse Unterstützung kann deeskalierend eingreifen, bevor der Konflikt weiterschwelt. Zudem wirken die Lösungen nachhaltiger.

Deshalb gilt: Lieber einmal zu viel als einmal zu wenig fragen. Bereits Konflikte kosten eine Menge Energie, die häufig unterschätzt wird.

Achten Sie darauf, ob Sie bereits mit körperlichen Stresssymptomen wie oben beschrieben reagieren. Wie stark reagieren Sie? Wie viel Zeit verbringen Sie mit dem Konflikt? Bedenken Sie auch, wie oft Ihre Gedanken zu dem Konflikt auch in ihrer Freizeit zurückkehren. Beginnen Sie bereits, sich zurückzuziehen?

Sorgen Sie gleich zu Beginn des Konfliktes für sich. Genießen Sie das Erfolgserlebnis, wenn Sie den Konflikt gut beenden konnten. Lassen Sie sich nicht herunterziehen, sondern beschäftigen Sie sich mit Dingen, die Ihnen Freude bereiten.

Der Spaziergang in der Abendsonne, das Herumtollen mit dem Hund, die Lieblings-CD. Sie selbst kennen sich am besten und haben Ihre eigene Strategie bereits entwickelt. Tun Sie es bewusst mit dem festen Gedanken: »Ich bin es mir wert!«

Übung

Bisher habe ich Konflikte wie folgt gelöst:

____

____

____

Ich hatte dabei großen Erfolg/weniger Erfolg/keinen Erfolg

Ich habe bisher für mich gesorgt, indem ich Folgendes mache:

____

____

____

Den jetzigen Konflikt löse ich anders, und zwar:

____

____

____

Während des Konfliktes sorge ich wie folgt für mich:

____

____

____

Weitere Ideen/Lösungen zur Konfliktbewältigung:

____

____

____

2. Phase: Mobbing etabliert sich

In der 2. Phase verstärken sich die feindseligen Haltungen des Angreifers. Die Attacken gegen den Gemobbten treten intensiver und häufiger auf. Dabei intensivieren sich die Angriffe in ihrer Heftigkeit wie auch der Häufigkeit. Ferner findet eine Verschiebung auf der Konfliktebene statt.

Heftigkeit
Heftige Angriffe zeichnen sich z. B. durch Einsetzen von Mimik und Gestik aus wie z. B. abwertende Blicke, Augenrollen, Stöhnen oder den Raum verlassen, wenn der Gemobbte ihn betritt.

Häufigkeit
Immer öfter wird der Gemobbte angegriffen. Durch die bewusste Suche nach Schwächen und Fehlern entwickeln sich die Handlungen zunehmend systematisch.

Konfliktebene
Der Konflikt verschiebt sich von der Sach- auf die persönliche Ebene. Diese Verschiebung drückt sich sprachlich durch verbale Pauschalierungen aus. Häufige Worte sind z. B. »*Immer, Nie, Alle, Keiner.*« »*Es gibt in diesem Hause keinen, der mit Ihnen zusammenarbeiten will.*« Dabei verliert der eigentliche Anlass des Konfliktes an Bedeutung. Persönliche Informationen, die der Angreifer über den Betroffenen hat, werden gegen den Betroffenen verwendet. Dadurch gerät der Gemobbte immer öfter in ein Verteidigungsverhalten. Der Gemobbte wird aufgrund seines persönlichen Verhaltens bzw. seiner Person für den ungelösten Konflikt verantwortlich gemacht. In dieser Phase kristallisiert sich ein Opfer heraus.

»*Frau Meier macht doch immer Fehler bei den Übersetzungstexten.*«

»*Herr Sommer hat die Rechnungen noch nie richtig angewiesen.*«

»*Alle Mitarbeiter auf der Station haben mir rückgemeldet, dass sie mit Ihnen nicht klarkommen.*«

Der Mobber holt sich Unterstützung, indem er die Umstehenden in den Prozess mit einbezieht. Dabei versucht er, die Umstehenden einerseits auf seine Seite zu ziehen als auch die Gewichtung seiner Argumente dem Gemobbten gegenüber zu unterstreichen.

Gleichzeitig wird der Gemobbte zunehmend isoliert, z. B. indem er von gemeinsamen Aktivitäten ausgeschlossen wird, zu

Feiern keine Einladung erhält oder ihm Informationen vorenthalten werden. Anfängliche kleine Sticheleien werden zu Gehässigkeiten, die dem Gemobbten gegenüber geäußert werden.

Beispiel

Frau Munder ist Lehrerin an einer Sonderschule. Gemeinsam mit Frau Hammer hält sie den Unterricht. Frau Hammer ist eine sehr dominante und resolute Person. Sie tut sich schwer, Veränderungsvorschlägen ihrer jüngeren Kollegin offen entgegenzutreten. So attackiert sie ihre Kollegin immer wieder und weist sie zurecht. Frau Munder leidet sehr unter dieser Situation. Die Attacken nehmen mit der Zeit immer mehr zu, und Frau Hammer schreckt auch nicht davor zurück, die Kollegin vor der Schulklasse zu kritisieren und ihre Arbeit vor den Schülern infrage zu stellen. Man kann sich leicht vorstellen, wie die Schüler darauf reagieren: Die Situation wird von einigen Schülern schamlos ausgenutzt, um den Unterricht permanent zu stören. Sie benehmen sich unflätig und geben freche Antworten. Eines Tages klebt ein Schüler Frau Munder einen benutzten Kaugummi ins Haar. Frau Munder ist am Boden zerstört und weiß sich keinen Rat mehr. Die Schulleitung zeigt sich zunächst hilflos und kann sich gegenüber Frau Hammer nicht durchsetzen. In ihrer verzweifelten Situation greift sie zum Hörer und bittet mich um Hilfe.

Durch intensive Gespräche mit dem Schulleiter sowie der Suche nach einer neuen Stelle erreicht sie, dass die Stundenzahl an der dortigen Schule reduziert wird und sie an einer anderen Schule unterrichten kann. Die begleitenden Beratungsgespräche verhalfen ihr zu einem stabileren Selbstbewusstsein. So lernte sie, gelassener mit den Angriffen der Kollegin umzugehen. Inzwischen geht es Frau Munder so gut, das sie sich nach einer Stelle mit neuen Herausforderungen umsieht.

Mobbing muss nicht immer lehrbuchmäßig mit einem Konflikt zwischen zwei Personen beginnen. Es kann auch bereits in Gang gesetzt werden, indem der Täter von vorneherein das Umfeld gezielt auf seine Seite zieht. Dabei passt er sich perfekt den Wünschen und Bedürfnissen der Gruppe an. Mobber erkennen geschickt die blinden Flecken der Gruppe und nutzen diese gezielt aus, um ihre eigenen Ziele innerhalb der Gruppe durchzusetzen. Diese Menschen haben oft narzisstische Züge bei einem schwach ausgeprägten Selbstwertgefühl. Sie sehen sich in ihrer Welt zwischen »Halbgott« und »Versager«.

Um sich vor den Machenschaften des narzisstischen Mobben zu schützen, sollte man vor allem stets kritisch bleiben, gerade dann, wenn die ganze Gruppe für ein einzelnes Gruppenmitglied zu schwärmen beginnt.

Erkennen kann man ihre Taktiken oft an bestimmten Verhaltensweisen:

Sie brauchen die ständige Aufmerksamkeit der Gruppe, wollen stets im Mittelpunkt stehen und können nicht ertragen, wenn sich das Augenmerk der übrigen Gruppenmitglieder auf eine andere Person richtet.

Sie täuschen Vertraulichkeit vor, um gezielt Informationen über die Person zu erhalten, die sie »auf dem Kicker« haben.

Sie sind extrem nett und hilfsbereit, eigentlich schon so nett, dass man ruhig misstrauisch werden sollte.

Sie suchen zu Beginn schnell Nähe, können diese aber nicht halten und gehen ebenso schnell auf Distanz.

Sie kommen später in eine Gruppe und gehen früher, denn damit stehen sie immer im Mittelpunkt.

Sie fallen durch viel Lächeln oder Kichern, extreme Liebenswürdigkeit und stete Heiterkeit auf, auch in ärgerlichen Situationen. Fühlen sie sich einen Moment unbeobachtet, werden die Blicke eiskalt, berechnend und abweisend.

Das Schlimme daran ist, dass sie nicht das offene Gespräch suchen, sondern sich als Opfer fühlen, sobald man Kritik äußert. Oft verhalten sie sich während des Gespräches aalglatt, sehen angeblich alles ein, nicken zu allem und wiegen den Konfliktpartner in absolute Sicherheit. Doch hinter dem Rücken suchen sie fieberhaft nach Vergeltung.

Umstehende
Sie werden zunehmend in den Konflikt mit einbezogen, und es bilden sich Parteien. Der Angreifer versucht, die Meinung der anderen zu seinen Gunsten zu beeinflussen. Diese distanzieren sich vom Gemobbten und verstärken dadurch die vorhandene feindselige Haltung.

Macht wirkt anziehend auf andere. Durch die Verschiebung der Machtverhältnisse stellen sich viele auf die Seite der Machthabenden. Wer mit der Gewinnerseite sympathisiert, fühlt sich stark und überlegen. Viele, die dem Konflikt beiwohnen, wollen aber auch nichts damit zu tun haben. Aus Angst, selbst gemobbt zu werden, trauen sie sich nicht, dem Opfer beizustehen.

Teilnahmslosigkeit, Geschehenlassen bis hin zu einem ausgeprägten Egoismus der Kollegen prägen den heutigen Arbeitsalltag. Doch wer wegschaut und Mobbing geschehen lässt, macht sich mitschuldig. Er hätte eingreifen können, Hilfe holen oder selbst Hilfe anbieten können. Dazu gehört sicher eine Portion Mut und Rückhalt.

Und über einen Punkt sind sich die Kollegen häufig nicht im Klaren: Sie haben durch ihre passive Haltung zum Ausdruck gebracht: Bei uns darf gemobbt werden, wir halten auch schön still! Selbst wenn das Opfer am Ende seiner Kräfte ist und aus dem Betrieb ausscheidet, das nächste Opfer wird mit Gewissheit schon ausgesucht.

Die Folgen liegen für alle Beteiligten klar auf der Hand: Die Arbeitsleistung sinkt, das Betriebsklima ist vergiftet, Angst, Verzweiflung und Hoffnungslosigkeit greifen um sich, und die krankheitsbedingten Ausfälle steigen rapide an.

Unter einem eskalierenden Konflikt leiden alle, nicht nur der Gemobbte.

Emotionen und Krankheitssymptome
Aufgrund der anhaltenden belastenden Stresssituation kann es bis zur »posttraumatischen Belastungsstörung« (engl. PTSD – post-traumatic stress disorder) kommen oder aber auch zu generalisierten Ängsten.

Erfahrungsgemäß sind die Symptome aber meist einer schweren Belastung zuzuordnen.

Durch den lang anhaltenden Stress können sich die Betroffenen nicht mehr erholen. Die mentalen Kräfte fokussieren sich auf den Konflikt. Die Konzentration lässt nach. Zudem muss er die bittere Erfahrung machen, dass seine Leistungen zwar permanent in Zweifel gezogen werden, dass aber auf der anderen Seite jede Mehrleistung ignoriert wird. Hieraus entsteht die Angst vor Fehlern und so entstehen tatsächlich nachweisbare Fehler.

Ein böser Teufelskreis fängt an: Der Gemobbte hat Angst vor Fehlern, und es kommt dadurch nachweislich zu Fehlern. Der Mobber sieht sich in seinem Verhalten bestätigt und übt mehr Druck auf den Gemobbten aus. So wird der Gemobbte mit der Zeit zermürbt und findet keinen Ausweg mehr aus der Situation.

Lösungsansätze

Ein gutes Netzwerk im beruflichen wie privaten Umfeld hilft, Halt und Unterstützung zu finden. Die Absicht des Mobbers ist es, den Gemobbten gezielt zu isolieren, um so das private wie berufliche Netzwerk des Betroffenen zu zerstören. Deshalb ist eine der wichtigsten Gegenstrategien, sich ein gutes Netzwerk zu erhalten bzw. aufzubauen.

Hilfreich ist es auch, die Strategien und Ziele des Mobbers zu durchschauen und offen darzulegen. Den Umstehenden ist oft nicht bewusst, dass sie gezielt von den Mobbern für ihre Ziele benutzt werden. Und wer lässt sich schon gerne manipulieren? Durch die oft unterschiedliche Parteienbildung lohnt es sich, genau hinzuschauen, wer tatsächlich zum Mobber hält, wer zu dem Betroffenen und wer sich neutral verhält.

Dabei können Sie nach folgenden Fragekriterien vorgehen:

- Wer hält zu mir im Kollegenkreis?
- Gibt es jemanden im Betrieb, dem es ähnlich wie mir geht?
- Wo können wir uns gemeinsam wehren und unterstützen?

- z. B. indem wir immer gemeinsam und nicht wie bisher allein zu einem Gespräch gehen.

Involvierte Kollegen sollten Mobbing keinesfalls dulden, indem sie weg- bzw. zuschauen.

Sucht der Gemobbte das Gespräch mit dem Vorgesetzten, kann er dem Mobber zuvorkommen, um seine Sichtweise darzulegen. Im umgekehrten Fall ist der Gemobbte einmal mehr im Rechtfertigungszwang und sieht sich ungerechtfertigten Vorwürfen ausgesetzt.

Klartext

Es ist wichtig, sich klarzumachen, welches Ziel ich mit dem Gespräch verbinde. Erwarte ich vom Chef Hilfe, werde ich möglicherweise enttäuscht. Doch es geht darum, sich frühzeitig gegen weitere Angriffe zu wappnen.

Durch ergänzende schriftliche Aufzeichnungen lässt sich dann leicht nachweisen, ob der Vorgesetzte seiner Fürsorgepflicht nachgekommen ist. Der Gemobbte kann aufzeigen, dass er den Vorgesetzten rechtzeitig auf den Konflikt hingewiesen und sich damit als konfliktfähig gezeigt hat. Damit lässt sich die Argumentationskette des Arbeitgebers durchbrechen. Denn dieser versucht in weiteren Schritten, den Gemobbten als eine Person darzustellen, »die ja gar nicht will und mit der man auch gar nicht kann«! Es gibt auch durchaus Fälle, in denen sich das Mobbing stoppen lässt, wenn der Vorgesetzte durchschaut, welche Strategie der Gemobbte anwendet.

Ergänzend dazu sollte interne oder externe Hilfe in Anspruch genommen werden.

Der Betriebs- oder Personalrat kennt oft die internen Verhältnisse und kann dazu Stellung nehmen oder hilfreiche Tipps geben.

Besteht zu dem Betriebs- oder Personalrat kein Vertrauensverhältnis, so kann ein externer Berater in Erwägung gezogen werden. Diese arbeiten meist auch umfangreicher, sodass neben dem eigentlichen Konflikt auch das weitere Umfeld wie z. B. private Probleme besprochen oder Entspannungstechniken angeboten werden. Zudem kann ein Berater aufzeigen, zu welchem Zeitpunkt weitere Experten hinzugezogen werden sollten, und benennt entsprechende Adressen.

Bei ersten auftretenden Krankheitssymptomen sollte der Arzt informiert werden, damit ein frühzeitiger ärztlich attestierter Zusammenhang zwischen dem Mobbing und den auftretenden Krankheiten nachgewiesen werden kann. Die Checkliste auf Seite 29f. hilft Ihnen dabei, sich auf das Gespräch mit dem Arzt vorzubereiten.

Dabei sollte auch im Dialog mit den Arzt auf mögliche Belastungsreaktion oder gar ein Trauma hingewiesen werden, damit weitere Behandlungsmöglichkeiten in die richtigen Bahnen gelenkt wird.

Ein Rechtsanwalt kann im Rahmen einer Beratung aufkommende juristische Fragen klären. Inwieweit es notwendig ist, bereits in dieser Phase den Rechtsanwalt mit einzuschalten, hängt vom Einzelfall ab und sollte gründlich besprochen und abgewogen werden.

In allen Fällen der Hinzuziehung von weiteren Experten kann ich nur empfehlen: Lieber einmal mehr als zu spät Rat einholen!

Es ist unerlässlich, ein Mobbingtagebuch zu führen. Auch wenn es aufwendig erscheint und mühsam ist, es kann am Ende entscheidend sein, ob der Prozess positiv beendet wird. Das Mobbingtagebuch wird unter anderem als Beweissicherung vor Gericht anerkannt.

Es hilft oft, sich klar und deutlich dem Konfliktpartner gegenüber abzugrenzen.

Gerade weil die Kommunikation schwammig und unklar bleibt, sollte man umso deutlicher auftreten. Dazu gehört einmal die Körperhaltung, die Mimik und Gestik. Zum anderen drückt sich das sprachlich und in der Art der Kommunikation aus. Zeigen Sie während des Konfliktes auf, dass Sie mit unklaren Äußerungen, Drohungen etc. nichts anzufangen wissen und auch nicht gewillt sind, sich auf diese Art der Kommunikation einzulassen. Sagen Sie umgekehrt, zu welchen Konditionen Sie ein Gespräch führen möchten. Fordern Sie ruhig Respekt ein und zeigen Sie sich selbstbewusst.

Vereinbaren Sie möglichst klare Regeln, mit denen beide Seiten leben können.

Nicht immer wird sich der Angreifer auf ein Gesprächsangebot einlassen, sonst wäre es nicht so weit gekommen. Der Leidtragende kann sich Klarheit verschaffen, welche weiteren Schritte er unternehmen will, wenn sich der Angreifer weiterhin an einer Konfliktlösung uninteressiert zeigt.

Frau Karin Reuter hatte in einem unserer gemeinsamen Seminare eine schöne Übung gezeigt: *Der Erste-Hilfe-Koffer:*

Was brauche ich, um mit einem eintretenden »Notfall« klarzukommen?

Stellen Sie sich vor, Sie packen Gegenstände in einen Koffer. Dabei kann es auch die Tasche sein, die Sie stets zur Arbeit mitnehmen. Fragen Sie sich nun einmal, was Sie benötigen. Es können tatsächliche Gegenstände sein oder auch imaginäre Dinge wie Halt, Kraft, Unterstützung, Energie, Konzentration usw.

Schreiben Sie diese Dinge auf einen Zettel. Suchen Sie danach Gegenstände aus, die für Ihre Bedürfnisse stehen sollen.

Vielleicht brauchen Sie:

- die wichtigsten Telefonnummern im Notfall, wie private/öffentliche.
- ein Taschentuch, das stets griffbereit ist.
- einen Handschmeichler, z. B. in Form eines kleinen Steines, den man in die Hosentasche stecken kann. Wenn man unsicher ist oder etwas Unangenehmes vor sich hat, kann man sich gleich wohler fühlen.
- eine Person, die einem Halt gibt: Dazu eignet sich ein kleines Maskottchen oder ein Geschenk, das einem die betreffende Person gemacht hat.
- ein Schutzengel, der über allem wacht und für mich sorgt.

- ein Foto von den Menschen, die in dieser schwierigen Situation zu einem stehen und an einen denken.
- ein schönes Bild, das einen daran erinnert, dass auch diese schwierige Zeit ein Ende hat und bessere Zeiten kommen werden.
- ein Zettel, auf dem all Ihre Stärken und positiven Eigenschaften notiert sind.
- Ihre Lieblingsübung zum Entspannen.

Unter stressbedingten Situationen neigen wir zu vergessen, was uns guttut. So erinnern wir uns, wie wir sofort für uns sorgen können. Stellen Sie sich Ihren ganz individuellen Koffer zusammen.

Übung

Mein Erste-Hilfe-Koffer:

___

___

___

___

___

___

___

___

Meine Ideen:

___

___

___

___

___

___

___

___

3. Phase: Rechtsbrüche durch Fehl- und Übergriffe

Was passiert in dieser Phase?

Der Mobbingprozess frisst auf beiden Seiten wie auch im kollegialen Umfeld sehr viel Energie. Die unmittelbaren Vorgesetzten fühlen sich in der Situation hilflos und überfordert. Eine für alle Beteiligten sinnvolle Lösung scheint nicht in Sicht. Um jedoch den Betriebsfrieden wiederherzustellen, ist man sich einig, dass der Störenfried entfernt werden muss.

Deshalb schalten die Mitarbeiter oder involvierten Vorgesetzten die nächste Instanz ein. Diese ist meist der nächsthöhere Vorgesetzte oder die Personalabteilung. Meist hat sich der Arbeitgeber in dieser Phase schon längst auf einen Schuldigen eingeschossen, und so fühlen sich die Betroffenen eher einem Tribunal ausgeliefert als einem Personalgespräch. Viele Gemobbte wissen bereits im Voraus, dass sie spätestens jetzt keine Chance mehr haben, den Konflikt intern gütlich zu lösen.

Da sich alle Maßnahmen wie Versetzung oder Kündigung an geltendem Arbeitsrecht orientieren müssen, der Arbeitgeber sich jedoch darauf eingeschossen hat, wer schuldig ist, kommt es zu Rechtsbrüchen, Rechtsverdrehungen, fadenscheinigen Argumenten und Lügen gegen das Opfer.

Oft wird das Opfer hinter seinem Rücken wochenlang beobachtet. Wenn der Betroffene dann zu einem Gespräch geladen wird, werden ihm erdrückende »Beweise« zur Last gelegt. Unter dieser Last bricht der Betroffene oft zusammen, kann sich meist gar nicht daran erinnern, was vorgefallen ist, und sich deshalb auch gar nicht wehren, da die Vorkommnisse wochen- oder gar monatelang zurückliegen.

Viele Arbeitgeber schrecken auch nicht davor zurück, angebliche Fehlleistungen oder Mängel, die Jahre zurückliegen und in keinerlei Bezug zur heutigen Leistung stehen, aufzulisten. Fadenscheinig und fast krampfhaft versucht der Arbeitgeber, einen angeblichen »roten Faden« herzustellen, der dem Betroffenen vor Augen führen soll, wie schlecht er doch von Beginn an war. Ist der Betroffene dann mit den Nerven am Ende, wird ihm »als Krönung« ein Schriftsatz, oft in Form einer Kündigung, vorgelegt, den er nun unterschreiben soll. Unterschreibt der Betroffene nicht sofort, wird der Druck ein weiteres Mal erhöht, indem ihm nun gedroht wird.

Vielen Betrieben scheint dies ein kostengünstiges Mittel, um Mitarbeiter loszuwerden. Ist der Betroffene am Boden zerstört und mit den Nerven am Ende, so lässt er sich gerne auf alle Angebote seitens des Arbeitgebers ein oder kündigt von selbst. So spart der Betrieb die Abfindungssummen, während der Gemobbte mit der tiefen Demütigung klarkommen muss.

Es kann auch vorkommen, dass der Betroffene die Phase 2 gar nicht erlebt. Vielmehr geht der Konflikt von Phase 1 direkt in Phase 3 über. Das bedeutet, dass der Gemobbte nach einem Konflikt direkt in die Personalabteilung zitiert wird und ihm hier unmittelbar die arbeitsrechtlichen Konsequenzen vor Augen geführt werden.

Dies kann so schnell passieren, dass der Betroffene keine Zeit hat, sich auf das Gespräch vorzubereiten noch Hilfe anzurufen. Die Menschen stehen anschließend unter schwerem Schock und bedürfen in aller Regel therapeutischer Unterstützung.

Mobbingprozesse laufen in der Privatwirtschaft und dem öffentlichen Dienst häufig unterschiedlich ab. In der Privatwirtschaft wird oft heftiger, dafür kürzer gemobbt.

Aufgrund der leichteren Kündigungsmöglichkeiten wird dem Gemobbten daher schneller gekündigt. Anders gestaltet sich der Prozess im öffentlichen Dienst.

Die Mitarbeiter sind oft unkündbar oder nur unter erschwerten Bedingungen loszuwerden. Daher gestaltet sich der Prozess endlos und wesentlich zermürbender für alle Beteiligten. Schließlich ist den Betroffenen bewusst, dass sie bei eigener Kündigung in ihrem erlernen Beruf kaum eine neue Arbeitsstelle finden.

Woran erkenne ich die Charakteristik an diesen Gesprächen?

Zum einen an der erdrückenden Beweislast. Es werden wochenlang hinter dem Rücken der Betroffenen Beweise gesammelt, um sie dann im Gespräch vorzulegen.

Beispiel

Ich erlebte während meines Mobbings eine Vorgesetzte, die jeden Morgen zur gleichen Uhrzeit zu mir ins Büro kam, kurz grüßte, um anschließend wieder das Büro auf dem Absatz zu verlassen. Offensichtlich hoffte sie, mich beim Zeitunglesen oder Schwätzchenhalten zu erwischen. Sie benahm sich jedoch so ungeschickt, dass ich vorgewarnt war. Zumindest in diesem Punkt konnte sie mir nichts nachweisen.

Gespräche werden kurzfristig anberaumt. Dem Betroffenen wird oft keine Möglichkeit gegeben, sich Hilfe für das Gespräch zu holen oder sich entsprechend auf das Gespräch vorzubereiten. Zum Beispiel wird die Einladung zum Gespräch zum Wochenende (freitags) ausgesprochen und auf den Wochenanfang (montags) festgelegt.

Der Betroffene erlebt das Wochenende als einen wahren Albtraum, Helfer kann er nicht mehr erreichen, er ist verunsichert und ängstlich, was da auf ihn zukommt. Er spürt nur, dass es sicher nichts Gutes sein kann. Zu Wochenbeginn ist er völlig zermürbt und bereits im Vorfeld am Ende seiner Kräfte.

Über den Inhalt des Gespräches wird der Betroffene bewusst im Unklaren gelassen, um ihn zusätzlich zu verunsichern und ihm keine Möglichkeit zu geben, sich ausreichend vorzubereiten.

In dieser emotionalen Verfassung, überhäuft mit Vorwürfen, ist es einfach, ihn zu einer Unterschrift zu bewegen, die ihm jede Menge Nachteile bringt. Sucht der Gemobbte nachträglich Beistand bei einem Rechtsanwalt, so ist nichts mehr zu machen. Der Arbeitgeber bremst so den Rechtsanwalt geschickt aus.

Umstehende
Da zu diesem Zeitpunkt keiner mehr so recht weiß, wie der Konflikt begonnen hat und was der eigentliche Anlass war, entstehen Mythen um den Gemobbten. »Der war schon immer schwierig. Seine Leistung war von Anfang an nicht besonders.«

Ein Teil der Kollegen kann den eskalierenden Konflikt nicht nachvollziehen, will häufig entweder nichts damit zu tun haben, da sich die Gespräche immer wieder darauf beziehen. Die Arbeit leidet, die Leistung sinkt. »Ach, sag mal, gibt's Neues vom Müller? Ich hab gehört, der musste gestern bei der Personalabteilung antanzen. Na, in seiner Haut möchte ich auch nicht stecken.«

Viele Kollegen denken sich: Am besten halte ich still, mache brav meine Arbeit und sage nichts, dann passiert mir auch nichts. Solange er den Kollegen auf dem Kieker hat, so lange bin ich außen vor.

Oder sie machen mit, weil sich ein Ventil gefunden hat, bei der man seine schlechte Laune ungestraft ablassen kann.

Meldet sich doch im tiefsten Inneren ein schlechtes Gewissen, findet sich schnell ein Grund für das Mobbing. »Die anderen machen doch auch mit, da kann das ja nicht so schlimm sein, außerdem ist der doch selbst schuld.«

Schließlich ist es einfach, sich hinter einer Gruppenmeinung zu verstecken.

Leider sind Menschen so »gestrickt«, dass sie gerne schlechte Nachrichten hören. Endlich passiert mal was in dem Betrieb. Das ist doch richtig spannend, wie es weitergeht! So wird der Gemobbte in den Mittelpunkt der Gerüchteküche gezerrt, was eine zusätzliche nervliche Belastung für ihn darstellt.

Erschwerend für den Angegriffenen kommt hinzu, dass dem Vorgesetzten immer noch ein Vertrauensvorschuss gegeben wird.« Also, wenn der (Chef) so hart einschreitet, dann wird schon was dran sein. Ein Gespräch mit dem Geschäftsführer, Abteilungsleiter, Sachgebietsleiter sowie Frau Müller und Herrn Meier von der Revisionsabteilung, die nehmen sich doch nicht umsonst die Zeit, mit dem (Gemobbten) zu reden.

Auch der nächsthöhere Vorgesetzte glaubt lieber seinem untergebenen Vorgesetzten als dem Mitarbeiter. Schließlich geht es auch darum, dass der höhere Vorgesetzte sein Gesicht wahren muss. Hat er ihn doch schließlich (mit) eingestellt und ihm diese Position anvertraut. Ein schwaches Führungsverhalten wird in der Regel vertuscht. Die Bedrohung ist umso größer, wenn der Betroffene das falsche Führungsverhalten nachweisen kann. So wird mit härtesten Bandagen gekämpft, um den »vermeintlichen Eindringling« loszuwerden.

Emotionen und Krankheitssymptome

Wut, Hilflosigkeit sowie Depression/Aggression sind die drei häufigsten auftretenden Emotionen, die in dieser brisanten Phase auftreten.

Dabei kann der Betroffene mit diesen Gefühlen kaum noch umgehen. Einmal kommen sie fast gleichzeitig hoch. Dann wieder entsteht ein Wechselbad der Gefühle.

Mal schöpft er Hoffnung: »Ich schaff das schon. Mich kriegen die nicht unter«, während schon wenige Minuten später die Stimmung komplett kippen kann.

»Ich weiß nicht, wie es weitergehen soll. Wenn die mich doch einfach nur in Ruhe lassen würden. Ich bin am Ende meiner Kräfte.«

Das Immunsystem ist durch die dauerhafte Belastung geschwächt, die Betroffenen sind häufiger erkältet.

Körperreaktionen treten oft an der »Schwachstelle« des Körpers auf. Klienten beklagen sich häufig über Rücken- oder Hautprobleme. Wir drücken Beschwerden sprachlich aus. Eine Klientin wird regelmäßig sprachlos, wenn sie ihre Emotionen ausdrücken möchte. Statt des Ausdruckes der Emotion bricht sie den Satz ab und schaut mich an.

Ein weiterer Klient berichtet mir, dass er seit dem Mobbing seinen Geruchssinn verloren hat. Er kann »sie nicht mehr riechen«. Als ich ihm diese Deutung anbiete, überlegt er einen Moment und stimmt mir zu.

Mithilfe des Checks können Sie erkennen, ob und wie Ihr

Körper auf den Konflikt reagiert und wie Sie dagegensteuern können.

Lösungsansätze
Spätestens in dieser Phase ist es unumgänglich, professionelle Unterstützung hinzuzuziehen. Oft werden seitens des Arbeitgebers konkrete arbeitsrechtliche Maßnahmen angedroht bzw. eingesetzt. Der aufgebaute Druck wird so enorm hoch, dass meist die Kraft kaum noch ausreicht, um sich nach Hilfe umzusehen oder sich zu erholen. In Kapitel 6 »Die anwaltliche Sicht« finden Sie zahlreiche Verhaltenshinweise.

4. Phase: Ausschluss aus der Arbeitswelt

Was passiert in dieser Phase?
Am Ende des langen Psychoterrors ist der Betroffene seelisch derart am Ende, das er im Berufsleben keinen Fuß mehr fassen kann, weder im ausgeübten Beruf noch in einem anderen. Mobbing trifft auffallend oft die Menschen, die ihren Beruf geliebt haben, sich engagieren sowie fachliche und soziale Kompetenzen besitzen.

Am Ende dieser Laufbahn verabscheuen sie ihn zutiefst. Sie können mit der Zerstörung kaum umgehen, die der Arbeitgeber ihnen angetan hat. Die Personalführung ist oft ratlos. Um eine Kündigung auszusprechen, fehlen fundierte Gründe. Zudem scheut der Arbeitgeber eine Auseinandersetzung vor Gericht. Die unfairen Methoden könnten ans Tageslicht treten. Sich jedoch weiter mit dem Gemobbten auseinanderzusetzen, kostet Energie. So hofft die Personalabteilung durch weitere demütigende Methoden, den Betroffenen endgültig loszuwerden.

Abschieben und kaltstellen
Der Betroffene wird in ein Zimmer weitab von seinen Kollegen gesetzt. Er erhält dann sinnlose Aufgaben, solche, die weit unter seinem Können liegen oder mit denen er überfordert ist. Kolle-

gen werden angewiesen, keinen Kontakt zu halten. Er wird von jeglichen sozialen Ereignissen und Informationen abgeschnitten. Gleichzeitig wird er ständig überwacht. Der Betroffene wird derart zermürbt, das er von sich aus kündigt und auf Ansprüche wie Abfindung verzichtet.

Fortlaufende Versetzungen

Gerade im öffentlichen Dienst werden die Gemobbten von einer Dienststelle zur anderen gereicht. Aufgrund des Status der Unkündbarkeit ist die Personalbehörde ratlos, wie sie mit dem »schwierigen Fall« umgehen soll.

Leider werden Informationen über den Betroffenen vorab weitergereicht, bevor dieser überhaupt einen Fuß in die Tür gesetzt hat. Spätestens beim Blick in die Akte sind die Vorurteile gegen den Betroffenen derart verhärtet, das er keine Chance auf einen tatsächlichen Neuanfang hat. Welches Amt will schon einen »schwierigen Fall« zugewiesen bekommen?

Die Personalbehörde legt ihm die neue Arbeitsstelle jedoch als großzügige Geste ihrerseits aus. Schließlich erhält der Gemobbte doch eine große Chance und kann dafür dankbar sein.

Noch gebeutelt und verängstigt von den Vorkommnissen auf der letzten Arbeitsstelle, kann er gar nicht die Arbeitsleistung erbringen, die von ihm erwartet wird. Zu hoch lastet der Druck auf ihm, wieder zu versagen, und einmal mehr der Schuldige zu sein.

Es gibt Fälle, wo die Personalbehörde gezielt Dienstvorgesetzte aussucht, die das Mobbing unterstützen. Nach wenigen Monaten wird der Betroffene erneut zu einem Gespräch geladen, der Druck wird weiter erhöht. Die Liste seiner angeblichen Verfehlungen und Leistungsmängel wird immer länger. Dieses Spiel wird dann so oft wiederholt, bis der Betroffene entweder selbst aufgibt, weil er sich inzwischen als Versager sieht, oder die Behörde als disziplinarische Konsequenz die Kündigung androht bzw. ausspricht.

Langfristige Krankschreibungen
Zu Beginn des Prozesses werden eher kurze Krankschreibungen benötigt, um sich vom Stress zu erholen. Da der Betroffene keinen Ausweg mehr sieht und er nicht – mehr – zur Arbeitsstelle zurückwill, lässt er sich im weiteren Verlauf des Prozesses langfristig krankschreiben. In der Warteposition ist er aus der Schusslinie des Arbeitgebers und kann die Kündigung abwarten.

Doch letztendlich sitzt er da und wartet wie das Kaninchen vor der Schlange. Eigene aktive Schritte zur Lösungsfindung sind ihm genommen, vielmehr überlässt er es dem Arbeitgeber, den nächsten aktiven Schritt einzuleiten.

Kündigung, Abfindung und Frührente
sind die beliebtesten Mittel seitens der Arbeitnehmer, dem Mobbing ein Ende zu bereiten. So kündigt der Betroffene oft von sich aus, meist ohne Abfindung, geschweige denn mit Aussicht auf einen neuen Job. Ältere Arbeitnehmer erwägen, vorzeitig in Rente zu gehen, und nehmen damit erhebliche finanzielle Einbußen in Kauf.

Suizid
Von der Schmach gepeinigt, sein Gesicht für immer verloren zu haben und vor aller Welt als Versager dazustehen, scheint der letzte Ausweg der Suizid.

Statistisch gesehen geht man davon aus, das jeder 5. Suizid auf Mobbing zurückzuführen ist. 80 % meiner Klienten haben mir in der Beratungssituation offenbart, dass sie mit dem Gedanken gespielt haben.

Aber: Suizid ist keine Lösung, so schlimm und trostlos die Situation auch erscheint, es gibt immer einen Ausweg.

Krankheitssymptome
Durch die ständigen Attacken ist das Selbstbewusstsein zerstört.

Die generalisierten Angstzustände wie Existenz- und Versagensängste sind so hoch, dass der Betroffene kaum noch in der Lage ist, seinen Beruf auszuüben.

Umstehende

Für die Kollegen ist der Gemobbte meist vergessen. Einzelne Kollegen erkundigen sich hin und wieder, aber mehr als ein Bedauern kann er meist nicht erwarten. Neue Kontakte herzustellen ist schwierig. Im Grunde ist man froh, nichts mehr damit zu tun zu haben, und es besteht der Wunsch, dass sich der normale Alltag wieder einspielt.

Lösungsansätze

Klartext

Bevor Sie die Lösungsansätze lesen, sollten Sie Ihren Blick einen Moment nach innen lenken und sich fragen: Bin ich bereit, Hilfe anzunehmen?

Innere Glaubenssätze, die Meinung unserer Umgebung beeinflussen unsere Entscheidung oft mehr, als uns bewusst ist. Oftmals spüren wir, dass wir allein mit der Situation nicht mehr zurechtkommen.

Tief in uns haben wir jedoch gelernt, dass Hilfeannehmen in der Gesellschaft immer noch als Schwäche gilt und tabuisiert wird. Das passiert häufig, ohne dass wir uns dessen bewusst sind. Männer erlebe ich in der Beratungssituation eher stringenter und klarer. Wenn sie sich für eine Beratung entscheiden, dann sind sie es sich das wert. Frauen hingegen schwanken und fragen nach dem Preis. Es ist nicht der Preis, der sie abhält, sondern die eigentliche Kernfrage heißt: Darf ich mir das wert sein?

Deshalb erweitere ich die eingangs gestellte Frage um: Darf ich mir die – innere – Erlaubnis geben, Hilfe anzunehmen? Oder: Gibt es Blockaden in mir, die mich daran hindern?

Wenn Sie diese Frage nach Hilfe mit einem eindeutigen »Ja« beantworten können, dann werden die Lösungen auch ihre Wirkung zeigen.

Wenn Sie Widerstände spüren, dann werden Lösungsansätze auch nach außen wenig Wirkung zeigen.

Ehe Sie sich endgültig entscheiden, Ihren Arbeitsplatz aufzugeben, sollten Sie sich vorher gut beraten lassen und Ihre weitere Zukunft nicht dem Zufall überlassen, sondern im Vorfeld gut durchdacht planen. Ist der Konflikt erst bis zur Stufe 4 eskaliert, ist meist nur durch Einmischung von außen eine gütliche Einigung möglich.

Gerade bei karitativen, sozial ausgerichteten Einrichtungen sind die Chancen durchaus gegeben: z. B. Kirchen haben ein großes Interesse daran, ihren guten Ruf zu erhalten, sobald sie merken, das der Konflikt an die Öffentlichkeit gerät.

Auch Firmen reagieren durchaus, wenn dritte Personen Kenntnis von den unfairen Methoden erhalten und sich einschalten.

Leider sind die meisten Betroffenen derart angeschlagen, dass sie die Chance gar nicht erkennen können. Außerdem sind uns alte Glaubenssätze vertrauter und wir fühlen uns sicherer, statt neue Wege der Lösung auszuprobieren. Denn Neues macht uns zunächst ängstlich und unsicher. Eine gute Beratungsstelle wird die Ängste gemeinsam mit den Betroffenen durchsprechen und ihnen Möglichkeiten aufzeigen, wie sie sich dagegen schützen können.

Nach der Kündigung

Bei einer ausweglosen Situation scheint dies sicher die einfachste und naheliegendste Lösung zu sein. Verständlich, denn ab einem bestimmten Punkt will der Gepeinigte nur noch aus der misslichen Lage heraus und endlich seinen Frieden finden. In dieser Not wird dafür jeder Preis billigend in Kauf genommen.

Gerade weil in dieser Situation Entscheidungen eher emotional gefällt werden, ist es so wichtig, sich Zeit zu nehmen und gründlich zu informieren. Entscheidungen sollten nicht getroffen werden, wenn Sie sich wütend, hilflos und deprimiert oder aggressiv fühlen. Überreaktionen verleiten zu voreiligen Entschlüssen und unüberlegten Handlungen.

Ist die Kündigung erst einmal unterschrieben, gibt es kein Zurück. Oft wird jedoch nicht überdacht, wie es weitergehen soll. Was, wenn sich in absehbarer Zeit kein Job findet, der Partner ebenfalls arbeitslos wird oder finanziell unvorsehbare Belastungen auf die Familie zukommen? Mit der Kündigung mag das jetzige Arbeitsplatzproblem gelöst sein, ungelöst bleiben die mittel- und langfristigen Folgen. Aus zwei Gründen ist es empfehlenswert, die Geschehnisse aufzuarbeiten:

1. Bei einem Arbeitsplatzwechsel nehme ich die emotionalen, Angst machenden Auslöser zwangsläufig an den neuen Arbeitsplatz mit.
2. Grübelzwang ist vom Gehirn löschungsresistent. Das Ereignis kann nur durch die Unterstützung externer Hilfe wie Beratung oder Therapie umgedeutet und abgeschwächt werden. Die Gefühle verlieren ihre Heftigkeit, sodass sie nach einiger Zeit kontrollierbar werden und der Alltag ein Stück zurückkehren kann. Heftige Emotionen werden in der Amygdala, einem Teil des Gehirns, abgespeichert. Sie werden bei ähnlichen Situationen sofort abgerufen und sind auch in ihrer Heftigkeit präsent. Das bedeutet, das die abgespeicherten Erinnerungen in die neue Arbeitsstelle mitgenommen werden, wenn keine Hilfe in Anspruch genommen wird. Die Hoffnung, dass die Zeit die Wunden heilt, ist leider ein Trugschluss.

Eine gute Methode, Grübelzwang zu bewältigen, ist die EMDR-Methode, die erfolgreich bei Traumata eingesetzt wird.

Gegen generalisierte Angstzustände sollte eine längere Therapie in Anspruch genommen werden, um die Persönlichkeit zu stärken.

Bei Suizid-Gedanken sollte sofort Hilfe in Anspruch genommen werden.

Der Arzt, Therapeut oder auch ein Klinikaufenthalt sind in diesem Falle unumgänglich, um sich physisch zu stabilisieren.

Auch wenn der Betroffene innerlich bereits die Entscheidung getroffen hat, über kurz oder lang zu kündigen, so kommt fast immer die Frage auf, wie er denn mit den Konflikten vor Ort umgehen soll. Einige Tipps zeige ich Ihnen in den folgenden Kapiteln auf. Sie ersetzen aber keinesfalls die notwendige Beratung und Begleitung.

Der zweite wichtige Grund, warum Mobbing aufgearbeitet werden soll, ist die Prävention. Dazu müssen wichtige Fragen geklärt werden:

- Warum bin ich ins Mobbing geraten?
- Was will ich künftig anders machen?
- Wie verhalte ich mich, damit ich erst gar nicht Opfer werde?
- Wie erkenne ich frühzeitig, dass es sich um Mobbing handelt?
- Wo kann ich mir Rat einholen, wenn ich unsicher bin?

Wenn sich meine Klienten unschlüssig zeigen, ob sie noch aktiv gegen Mobbing am jetzigen Arbeitsplatz werden sollen, weil sie bereits innerlich gekündigt haben, dann schlage ich ihnen folgende Sichtweise vor:

Betrachten Sie Ihren Noch-Arbeitsplatz als eine Art »Übungsfeld«, an dem sie neue Verhaltensweisen ausprobieren können. Beobachten Sie, wie Ihre Kollegen und Vorgesetzten reagieren. Nach dem Motto: »Ist der Ruf erst ruiniert, lebt es sich ganz ungeniert.« Dadurch nimmt der Druck ab, der auf dem Klienten lastet, ständig »richtig« agieren zu müssen. Er lernt, dass es kein »richtiges Verhalten« gibt. Vielmehr gibt es viele Lösungen, die auch kreativ ausfallen können. Und er handelt wieder eigenverantwortlich. Das »Spielen« mit neuen Verhaltensweisen macht vielen sogar richtig Spaß. Sie erleben sich selbst in ganz neuen Rollen; und staunen nicht schlecht, welche Fähigkeiten und Ressourcen in ihnen schlummern.

So stellen sie fest: Die Angst im Kopf ist oft viel größer als das, was tatsächlich folgt, wenn sie ihr eigenes Verhalten ändern.

Die ersten Wochen sollten sie sich begleiten lassen, bis sie wieder ihrem eigenen Gespür vertrauen können.

Auch die Familie/Lebenspartner sollten spätestens jetzt schauen, wie viel Kraft sie bereits investiert haben und noch investieren. Sie erhalten oft wenig bis gar keine Hilfe und verausgaben sich mehr, als ihnen bewusst ist.

5. Phase: Die weitere Stigmatisierung

Was passiert in dieser Phase?

Nach dem Ausschluss aus dem Arbeitsleben muss der Betroffene verschiedene Stellen kontaktieren. Dazu zählen z. B. Ärzte, Psychologen, Gutachter, aber auch Behörden wie Krankenkassen, Arbeitsamt und Rententräger.

Wenn der vom Mobbing Gezeichnete Unterstützung sucht, können ihm erneut schwere Kränkungen widerfahren. Durch die psychische Auffälligkeit wird die Schuld einmal mehr beim Opfer gesucht.

Die hilflosen Helfer

Ärzte müssen Diagnosen stellen, um agieren zu können. Passen die bekannten Diagnoseschemata nicht, sind sie oft ratlos. Es kommt zu Fehldiagnosen. Schließlich muss sich der Untersuchende den Behörden gegenüber verantworten und ist diesen eine Antwort schuldig.

Ärzte sind oft in einer Art »Sandwichposition«. Sie wissen, dass es keinen Sinn macht, ihren Patienten zur Arbeit zurückzuschicken. Auf der anderen Seite müssen sie der Krankenkasse erklären, warum sie ihren Patienten so lange krankschreiben und wie es weitergehen soll.

Behörden sind in ihrer Struktur unbeweglich. Sie brauchen feste Schemata, Verordnungen, Statistiken, um agieren zu können. Passt der Mensch nicht ins Schema, sind die Behörden irritiert und ratlos. Die einzige Lösung sieht die Behörde darin, gängige Mechanismen anzuwenden und sich dabei auf Gutachten zu berufen.

Klartext

Die Psychologie ist immer auch ein Machtmittel. Diagnosemodelle, Statistiken geben dem Fachpersonal Sicherheit und Macht, entsprechend zu agieren und sich damit gegenüber Dritten wie auch dem Untersuchenden zu rechtfertigen.

Ist erst mal eine Untersuchung durchgeführt und der Fall des Betroffenen diagnostiziert worden, ist die Stigmatisierung kaum aufzuhalten.

Lösungsansätze

»Der beste Fachberater ist gerade gut genug für mich.« Getreu diesem Grundsatz sollten Sie Ihr Netzwerk in Ihrem Umfeld aussuchen. Bleiben Sie stets Ihr eigener Chef. Scheuen Sie sich nicht, Fragen an Ihren unterstützenden Experten zu stellen und seine Absichten zu hinterfragen. Dabei bleibt die Verantwortung stets in Ihren Händen.

Gehen Sie mit einer Person Ihres Vertrauens zu den Terminen.

Eine dritte Person kann unterstützen, ergänzen und auch erklären, was passiert ist, damit die Diagnosen richtig gestellt werden. Umgekehrt haben Sie einen neutralen Zeugen, wenn Sie das Gefühl haben, nicht richtig unterstützt zu werden.

Zeigen Sie sich den Fachstellen gegenüber kooperativ. Wenn möglich, suchen Sie das Gespräch von sich aus, bevor die Fachstelle auf Sie zukommt. Wenn Sie zum Beispiel länger krankgeschrieben werden, melden Sie sich bei Ihrer Krankenkasse. Bitten Sie sie um konkrete Unterstützung und erklären Sie, warum Sie zur Zeit im Krankenstand sind. Das Signal *»Ich bin daran interessiert, gesund zu werden. Deshalb unternehme ich folgende Schritte und ich benötige voraussichtlich dafür den folgenden Zeitumfang«* kann Ärger im Vorfeld vermeiden helfen.

Was unterscheidet nun Konflikt von Mobbing? Eine Zusammenfassung

- Das entscheidende Kriterium bei einem eskalierenden Konflikt ist, dass eine der beiden Konfliktparteien den Konflikt gar nicht lösen will! Die meisten Menschen gehen davon aus, dass »zwei zu einem Streit gehören« und »mit ein bisschen guten Willen lässt sich das doch bereinigen«. Genau dieser Wille ist bei der mobbenden Seite nicht vorhanden.

Deshalb ist es für die Umstehenden wie auch für Fachkräfte kaum nachvollziehbar, wie Mobbing geschieht. Sie haben gelernt, dass es sogenannte »Eigenanteile« bei jedem Konflikt gibt. Das heißt, jeder trägt seinen Anteil zum Konflikt bei.

Ja, selbst Fachbuchautoren beißen sich daran fest, unbedingt darauf hinweisen zu müssen, welchen Anteil der Gemobbte denn in den Konflikt mit einbringt. Und dass man sehr selbstkritisch mit sich umgehen solle. Ich halte es für viel wichtiger, genau diesen Punkt bei gemobbten Menschen endlich einmal wegzulassen und ihnen aufzuzeigen, dass nicht immer die sogenannten Eigenanteile Schuld haben. Die meisten Klienten kennen ihre Schwächen bestens, und eben deshalb lassen sie sich schneller verunsichern. Selbstkritisch mit sich umzugehen, ist diesen Menschen viel zu gut bekannt. Wesentlich schwerer fällt ihnen, verzeihend mit sich umzugehen und gut für sich zu sorgen.

- Bei einem fairen Konflikt werden Fehler des anderen offen und ehrlich dargelegt. Mobbing geschieht verdeckt, und der andere wird im Unklaren gelassen, was er denn falsch gemacht hat. Selbst wenn der Kollege nicht auf die Kritik reagiert, kann ich ihm die Konsequenzen seines Handelns offen darlegen.
- Kann der Konflikt nicht intern bereinigt werden, sollte der Vorgesetzte eingeschaltet werden. Reagiert nun der Vorgesetzte nicht, zieht dies fatale Folgen nach sich. Dann nämlich regelt der Einzelne oder die Gruppe den Konflikt für sich. Diese greift zur Selbstjustiz und nimmt das Recht für sich in Anspruch, dem Gemobbten ihre Regeln aufzuzwingen und über ihn zu urteilen. Bei Mobbing wird zu unfairen Methoden gegriffen, die mit Sätzen wie »der ist doch selbst schuld« gerechtfertigt werden. Nur, dieses Recht gibt es nicht. Das Verhalten eines angeblich »schwierigen« Menschen rechtfertigt kein unfaires Verhalten der anderen Person oder Gruppe. Auch dann nicht, wenn von höherer Stelle keine Reaktion erfolgt.

3 Was kann ich für mich tun?

3.1 Stressbelastung bei Mobbing

Es gibt kaum eine Zeitschrift, die sich nicht mit dem Thema Stress auseinandersetzt und dazu hilfreiche Tipps gibt. Stress gehört zu unserem Alltag, und es scheint sogar gesellschaftsfähig zu sein, Stress zu haben. Die Stressbelastung bei Mobbing geht weit über das übliche Maß hinaus.

Jeder Mensch reagiert nach seinem biologisch festgelegten Muster auf belastende Ereignisse. Deshalb ist es wichtig zu wissen, wie ich reagiere, um den Stress individuell steuern zu können. Wer seine körperlichen Stressreaktionen kennt, kann seinen eigenen Ressourcen besser vertrauen. Stressabbau wirkt Mobbing in erheblichem Maße entgegen. Wer den Stressoren die Spitze nimmt, ist in Gesprächen gelassener, hat einen klaren Kopf für Argumente und kann in der Freizeit besser Kraft schöpfen und damit seine Lebensqualität erhöhen. Gerade weil Mobbing in alle Lebensbereiche eingreift.

Doch Stressabbau ist alles andere als einfach, da vom Mobber gezielt Stressauslöser provoziert weren. Der Gemobbte soll ja durch ständige Provokationen aus dem seelischen Gleichgewicht gebracht werden.

Nach einem kurzen ersten telefonischen Kontakt bitte ich meine Klienten, sich bis zur Erst-Beratung täglich etwas Gutes zu gönnen und zwar mit dem Bewusstsein, »es sich wert zu sein«. Sei es der leckere Cappuccino, der schöne Spaziergang zum Sonnenuntergang oder ein entspannendes Bad mit der Lieblings-CD.

Fast alle Klienten seufzen hörbar, und es fällt ihnen schwer, sich ihrer eigenen Ressourcen bewusst zu werden. Doch genau da setzt Beratung an, und zwar noch bevor die eigentlichen Beratungsgespräche beginnen: An den eigenen Stärken und dem damit verbundenen Selbstvertrauen, sich selbst zu helfen, indem ich den Fokus auf mich und meine Bedürfnisse lenke.

Jeder Mensch reagiert auf Stress nach drei Verhaltensmustern: Flucht, Kampf oder Erstarren.

- Bei Flucht gehen wir im Arbeitsalltag der Situation aus dem Weg z. B. durch Versetzung, Kündigung.
- Bei Kampf hingegen begegnen wir der Situation aktiv und kämpfen um den Erhalt des Arbeitsplatzes. Das heißt z. B. Gespräch suchen, Konflikt ansprechen, Hilfe und Unterstützung suchen.
- Und bei Erstarren halten wir die Situation aus und hoffen, dass sich die Probleme von selbst lösen, und entwickeln keine eigenen Aktivitäten. »Es wird schon irgendwie gehen.«

50 % unserer Stressbelastung ist genetisch festgelegt. Diese bereits im Mutterleib festgelegte Stressresistenz lässt sich nicht verändern.

Verändern können wir jedoch unsere Verhaltensmuster insoweit, als wir auch Lernerfahrungen haben, nach denen wir uns verhalten. Wir haben im Laufe unseres Lebens gelernt, dass wir bei Einsatz eines bestimmtes Verhaltens erfolgreich sind. Aufgrund dieser positiven Lernerfahrung setzen wir dieses Verhalten bei ähnlichen Situationen erneut ein.

Treten nun andere Lebensumstände ein, als wir sie bisher kennen, kann es passieren, dass das alte Verhaltensmuster nicht greift. Wir fühlen uns hilflos und überfordert.

In einer neuen Lebenssituation ist es sinnvoll, seine bisherigen Reaktionsmuster zu erkennen und zu überprüfen, um danach neue auszuprobieren, die besser zur jetzigen Situation passen.

In welchen der angegeben Stress-Reaktionsmuster finde ich mich am ehesten wieder?

Flucht
denn ich habe folgende Verhaltensweisen/Aktivitäten unternommen

____

____

____

Kampf
denn ich habe folgende Verhaltensweisen/Aktivitäten unternommen

____

____

____

Erstarren
denn ich habe folgende Verhaltensweisen/Aktivitäten unternommen

____

____

____

Die Verhaltensweisen können dabei auch durchaus wechselnd auftreten oder ineinandergreifen.

Bei dem auftretenden Konflikt mit dem Kollegen habe ich mich dem Vorgesetzten anvertraut (Kampf), aber keinen Rückhalt bekommen. Nachdem der Konflikt eskaliert ist, habe ich mich länger krankschreiben lassen (Flucht). Da ich auf den Arbeitsplatz angewiesen bin, habe ich beschlossen, nur noch »Dienst nach Vorschrift« zu machen (Erstarren).

Welches der Verhaltensmuster am ehesten auf die eigene, momentane Arbeitsplatzsituation am besten zutrifft, sollte im Einzelfall geklärt werden. Ein »Aussitzen« kann bei der einen Firma erfolgreich sein, während es auf einem anderen Arbeitsplatz zur Kündigung führen kann.

Neben diesen Reaktionsmustern reagiert unser Körper entsprechend unterschiedlich auf Stresssignale. Er warnt uns rechtzeitig, etwas gegen die Belastung zu unternehmen. Ignorieren wir diese wichtigen Signale und setzen uns weiterhin der hohen Belastung aus, werden wir krank.

Die kognitive Ebene betrifft alle Gedanken und Wahrnehmungen.

Bei stressbelastenden Situationen haben wir eingeschränkte Wahrnehmungen sowie Gedächtnisstörungen. Wir können uns kaum konzentrieren, neu Erlerntes bleibt nicht im Gedächtnis haften, an bestimmte Ereignisse kann man sich nur schwer erinnern. Symptome wie das bekannte Blackout, die Leere im Kopf, treten häufig auf. Es fällt einem überhaupt nichts ein. Auch das bereits beschriebene Kopfkino gehört dazu.

Wer zum Beispiel mehrmals zu einem Gespräch zum Vorgesetzten gerufen wurde und dort immer wieder negative Erfahrungen wie ständige Kritik erlebt, wird beim nächsten Gespräch kaum positiv denken können. »*Schon wieder ich? Was will der denn schon wieder von mir? Bestimmt lässt er kein gutes Haar an mir.*« Doch es ist entscheidend, hier gegenzusteuern.

Übung **Individuelle Stress-Analyse**

Wenn Sie in Stress geraten:

Was sagen Sie oft zu sich?
Wenn es Ihnen schwerfällt, diese Fragen für sich zu beantworten, dann beobachten Sie sich selbst: Welche Gedanken haben Sie, was sagen Sie zu sich selbst, wenn Sie sich an ihre belastende Situation erinnern?

____

____

____

Die emotionale Ebene
Damit sind alle Gefühle und Befindlichkeiten angesprochen, die mit dem Stressauslöser Mobbing verbunden sind. Das kann Ärger, Aggression oder Hilflosigkeit sein, aber auch Angst, Verzweiflung oder Verunsicherung.

Wie fühle ich mich?

____

____

____

Die muskuläre Ebene

Alle körperlichen Reaktionen, die willkürlich kontrollierbar sind. Dazu zählen unter anderem Verspannungen im Kopf-, Schulter- und Rückenbereich, starre Mimik, Zähneknirschen, Fäuste ballen, angespanntes Gesicht.

Wo verspanne ich mich?

____

____

____

Die vegetative Ebene

Reaktionen des Nervensystems sowie der hormonellen Auswirkungen. Diese sind kaum willkürlich steuerbar. Vegetative Reaktionen können sich auswirken durch Tränen, schlechte Immunabwehr, Hautveränderungen (Dermitis), flaues Gefühl im Magen, Herzklopfen, Erröten usw.

Wie reagiert mein Körper?

____

____

____

Wie kann ich auf der kognitiven Ebene gegensteuern?

Da Gedanken und Sätze in das Unterbewusstsein dringen und dort ihre Wirkung zeigen, können wir gegensteuern, indem wir uns positive Sätze sagen. Achten Sie bitte darauf, das Ihre Sätze keine Negativierungen enthalten. »Denke nicht an rosa Elefanten – und schon laufen sie los …!« Das Unterbewusstsein nimmt kein nicht/Nein auf, sondern speichert nur »rosa Elefanten« ab.

»Es gibt ein Licht am Ende des Tunnels. »Ich habe bisher immer eine Lösung gefunden«. »Ich bin liebenswert (klug/hübsch/fröhlich« etc.).

Noch besser ist es, Ihre Sätze möglichst konkret auszuformulieren.

Statt »Ich schaff das schon«: »Ich werde meine Akten bis morgen Abend alle fehlerfrei abgearbeitet haben.«

Sie können sich auch Ihren persönlichen Satz auf einen Zettel schreiben und an einem Ort in der Wohnung ankleben, an dem Sie oft vorbeikommen.

Wenn ich einen anstrengenden Arbeitstag vor mir habe, schreibe ich mir am Abend vorher eine kleine aufmunternde Mail: »Liebe Anka, du bist eine wundervolle Frau und ich bin stolz auf dich, was du alles im Leben leistest.« Am nächsten Morgen ist meine Laune gleich besser.

Übung ## Individuelle Verhaltensänderung

Welche Veränderungen beabsichtige ich auf der kognitiven Ebene vorzunehmen?

____

____

____

Wie kann ich auf der emotionalen Ebene gegensteuern?
Am besten frage ich mich: Was brauche ich, damit es mir wieder gut geht? Welches Bedürfnis habe ich (jetzt), damit ich meine negativen Emotionen loswerde? Was hat mir bisher immer geholfen, damit es mir wieder besser geht?

Welche Veränderungen beabsichtige ich auf der emotionalen Ebene vorzunehmen?

____

____

____

Wie kann ich auf der muskulären Ebene gegensteuern?
Es gibt aktive und passive Möglichkeiten. Aktiv: Sportliche Betätigung wirkt sehr entlastend und macht den Kopf frei. Aber Achtung: Oft fehlt in einer Mobbingsituation jede Kraft, sich noch sportlich zu betätigen. Zudem ist das Immunsystem so angeschlagen, dass Sport das Gegenteil bewirkt. Durch die Anstrengung belastet man möglicherweise zusätzlich das Immunsystem. Gegen leichte sportliche Betätigung mit niedriger Belastung wie Spazierengehen dürfte allerdings nichts einzuwenden sein. Notfalls sollten Sie Ihren Arzt vorher konsultieren.

Wird Ihnen von Bewegung abgeraten, gibt es auch andere Möglichleiten: z. B. Entspannungsmethoden. Angefangen von der klassischen Massage bis hin zu Yoga, progressive Muskelentspannung nach Jacobsen oder autogenes Training.

Letztendlich zählt das, was einem Spaß macht und seine Wirkung zeigt. Und in einer Gruppe ist man oft gedanklich besser abgelenkt als allein.

Welche Veränderungen beabsichtige ich auf der muskulären Ebene vorzunehmen?

____

____

____

Wie kann ich auf der vegetativen Ebene gegensteuern?
Die vegetative Ebene ist am schwierigsten beeinflussbar.

Eine mögliche Variante bietet unter anderem die Kinesiologie (= Lehre von der Bewegung durch Kräfte) oder das Erlernen von Atemtechniken.

Leichter ist es zunächst, über die drei anderen Ebenen die vierte Ebene zu beeinflussen.

Wenn es mir gut geht, habe ich nicht das Bedürfnis zu weinen, mein Immunsystem stabilisiert sich. Das Magendrücken erledigt sich, wenn der Chef aus der Tür ist.

Welche Veränderungen beabsichtige ich auf der vegetativen Ebene vorzunehmen?

____

____

____

Manche Techniken wie Yoga oder die Kinesiologie sprechen mehrere Ebenen gleichzeitig an und wirken daher intensiver. Es lohnt sich auf alle Fälle, sich umfassend zu informieren.

Klartext

Grenzen der stressentlastenden Übungen
Stressentlastung wirkt gegen die Symptome des Mobbings und kann einer drohenden Krankschreibung vorbeugen. Es löst jedoch mittel- und langfristig nicht die Ursache des eigentlichen Stressauslösers, nämlich das Problem am Arbeitsplatz. Mittel- und langfristig benötigen schwere Belastungen tiefere, ggf. therapeutische Hilfe, um den Stress abzubauen.

Doch kleine Erfolgserlebnisse geben Hoffnung und Zuversicht, um auch langfristig eine Lösung zu finden. Und es geht darum, achtsam und wertschätzend mit sich selbst umzugehen, wenn andere versuchen, einem diese Werte zu untergraben.

Angelehnt an: Angelika Wagner-Link, »Verhaltenstraining zur Streßbewältigung«

3.2 Was kann ich vor Ort, im Betrieb, für mich tun?

Schaffen Sie sich ein engmaschiges Netzwerk an Hilfe. In einem sozialen Gefüge werden Sie emotional gehalten, erhalten Unterstützung wie auch Zuspruch. Es ist nicht zu unterschätzen, wie wertvoll es ist, wenn Sie jemand in Ihrer Welt versteht und Sie sich verstanden fühlen. Sie erhalten viel Kraft und können so neue Lösungen für sich erarbeiten.

Oft treten die Betroffenen an mich heran mit der Aussage, dass

»niemand« zu ihnen hält, dass »alle« gegen sie seien und dass es »keinen« gibt, mit dem man über das Problem sprechen könne.

Wer verzweifelt ist, kann oft nicht differenziert sehen, ob dies tatsächlich der Realität entspricht. Oft fehlt die Kraft dazu. Mobber nutzen diese Situation geschickt für sich aus, indem sie die Worte wie »nie, immer, keiner« wählen. Doch an diesen Verallgemeinerungen kann man ansetzen und nachhaken. Fragen Sie nach, welche Personen mit »alle« gemeint sind. Lassen Sie sich die Aussage schriftlich geben. In der Regel nimmt der Angreifer davon Abstand. Fragen Sie gegebenenfalls bei den betreffenden Personen persönlich nach.

Schaue ich mir mit dem Klienten gemeinsam sein betriebliches Umfeld differenzierter an, stellt er erstaunt fest: Es gibt doch einige Kollegen, die zu mir halten und bereit sind, mich zu unterstützen.

Aus meiner eigenen langjährigen Erfahrung weiß ich, dass man die umstehenden Personen grob in drei Gruppierungen innerhalb des Konfliktfeldes einteilen kann:

- Die Pro-Mobbing-Eingestellten
- Die Contra-Mobbing- Eingestellten
- Die Neutralen

Die Pro-Mobbing-Eingestellten

Sie fühlen sich stark, da sie sich auf der Gewinner-Seite sehen.

Diese Personengruppe anzusprechen ist am heikelsten. Manchmal kann es sich lohnen, Schwächere aus der Gruppe auf ihr schlechtes Gewissen und ihr Handeln anzusprechen. Auch wenn es nach außen so scheint, dass sie keinerlei moralische Empfindungen haben. Spricht man die Peiniger auf ihr Verhalten an, fühlen sie sich oftmals gar nicht mehr so wohl. Dabei sollte man genau hinschauen, damit der Schuss nicht nach hinten losgeht.

Die Contra-Mobbing-Eingestellten
Die Gruppierung sehen die unfairen Verhaltensweisen, äußern dies verbal und schreiten ein, da sie einen hohen Gerechtigkeitssinn besitzen. Allerdings gibt es da gewisse Einschränkungen: Erstens gibt es immer weniger Menschen mit Zivilcourage. Aber das viel größere Problem ist, dass diese Menschen gerne helfen würden. Sie sind sich aber bewusst, dass sie selbst angegriffen werden, wenn sie Partei ergreifen.

So ärgerlich das ist, man kann diesen Menschen kaum einen Vorwurf machen. Es nützt wenig, wenn der Helfer selbst seinen Job riskiert. Das ist das Gleiche, als würde er bei einem Überfall eingreifen wollen, aber selbst verletzt werden. Die Unterstützer sind aber mitunter bereit, hinter vorgehaltener Hand Tipps zu geben, um dem Mobber eins »auszuwischen«.

Die Mutigeren sprechen unfaire Verhaltensweisen an. Als Kollege kann man sich klar abgrenzen, indem man offen mitteilt, dass unfaires Verhalten nicht mitgetragen wird.

Das ist zweifelsfrei die hilfreichere Variante, und die Betroffenen bringen sich mit dieser Haltung nicht in Gefahr, unterstützen aber auch nicht das Mobbing. Wird dies offen ausgesprochen, besteht die Chance, dass es mehr Kollegen gibt, die sich zu dieser Haltung gesellen, und auch die bisher Neutralen finden den Mut, sich dazu zu bekennen. So wird dem Mobber der Nährboden entzogen.

Die Neutralen
halten sich im Hintergrund und wollen mit der ganzen Sache nichts zu tun haben. Deshalb glaubt der Betroffene oft, dass diese Gruppe ebenfalls gegen ihn eingestellt sei.

Die Neutralen wollen in Ruhe ihre Arbeit machen und versuchen in der Regel, grundsätzlich jedem Konflikt aus dem Weg zu gehen. Sie haben oft Angst, selbst ins Gerede zu kommen oder Stellung nehmen zu müssen. Oftmals lehnen sie jedoch den unfairen Umgang mit dem betroffenen Kollegen ab.

Es lohnt immer, den jeweiligen Personenkreis genauer anzuschauen, um herauszufinden, wer welches Spiel mitmacht und insbesondere wer zu mir steht. Damit bin ich wieder handlungsfähiger.

Die »Salami-Scheiben-Technik«

Je länger die Situation andauert, desto größer wird der Berg ungelöster Probleme. Allein der Gedanke daran lässt das Gefühl der Überforderung aufkommen, und eine riesige, bedrohliche Wand kommt auf die Person zu.

Zerlegen Sie den Berg von Problemen in viele kleine Scheiben:

1. Schreiben Sie jedes Problem auf einen Zettel oder ein kleines Kärtchen.
2. Schreiben Sie sich Ihr Ziel oder Ihren Wunsch auf einen gesonderten Zettel. Sie können dazu auch eine andere Farbe für den Zettel nehmen.
3. Legen Sie alle Karten vor sich hin. Vergewissern Sie sich, dass Sie auch wirklich alle Probleme benannt haben, auch wenn es noch so klein sein sollte.
4. Nehmen Sie die Ziele-/Wunschkarte und legen diese ganz oben hin.
5. Suchen Sie die Karte/das Problem aus, das Ihnen am meisten am Herzen liegt oder zuerst erledigt werden muss. Legen Sie diese Karte direkt vor sich.
6. Nun nehmen Sie die restlichen Karten und verteilen sie zwischen der Ziel- und der dringlichsten Karte so, dass ein Problem nach dem anderen abgearbeitet wird, bis Sie an Ihrem Ziel angelangt sind.
7. Schauen Sie sich die Karten in Ruhe an, ob die Reihenfolge so stimmig für Sie ist.

Spielen Sie mit Ihren Karten, probieren Sie aus, indem Sie die Reihenfolge und/oder das Ziel verändern.

Verändern: Wie fühlt es sich an? Verändert sich etwas und, falls ja, was verändert sich?

Weglassen: Muss ich alles davon in Angriff nehmen? Ober

sind mir bei genauem Hinschauen manche Dinge gar nicht mehr so wichtig? Gibt es Personen, die mich unterstützen?

Hinzufügen: Habe ich etwas Wichtiges vergessen, was mich zu meinem Ziel führt? Brauche ich noch etwas?

Weit von sich oder ganz nah schieben: Wie fühlt es sich für mich an? Fühlt es sich bedrückend oder eher entlastend an?

Oft erkennt man auch plötzlich, woran es liegt, dass das gesteckte Ziel nicht erreicht wird.

3.3 Wie sorge ich für mich?

Neben den aktiven Schritten im Betrieb ist es wichtig, für sich selbst zu sorgen, um im Gleichgewicht zu bleiben.

Bewusst genießen

Sorgen Sie mit kleinen Ritualen für kleine Inseln der Ruhe. Aus dem Zimmer gehen, die Tasse Kaffee beim Kollegen, am Abend etwas Schönes machen, worauf man sich den ganzen Tag freuen kann. Das klappt anfangs nicht so schnell, da Ihnen der Kopf schnell einen Strich durch die Rechnung machen wird. »Ich muss doch noch die Wäsche aufhängen, die Rechnungen müssen heute noch dringend raus, in einer Stunde steht der Zahnarzttermin an usw.« Wenn Sie lernen, die kleinen Inseln zuzulassen, werden Sie schnell feststellen, dass sich die Termine entspannter angehen lassen und Sie die Zeit schnell wieder einholen. Es bedeutet einen aktiven Schritt, den Mobbern entgegenzutreten, die einen ganz klein sehen wollen. Setzen Sie eine Grenze und machen Sie sich bewusst groß. Wer groß ist, den kann man nicht so leicht klein machen.

Tagträume

Flüchten Sie in kleine Tagträume. Das kann ein Bild, ein Foto oder eine Erinnerung sein, mit denen Sie positive Gefühle verbinden und jederzeit abrufen können.

Sich selbst loben
Sie kennen sicher den Vergleich mit dem »halb leeren, halb vollen Wasserglas«.

Positive oder negative Eigenschaften zu besitzen, hängt immer auch vom Betrachter und seiner eigenen Sichtweise ab.

Wir neigen dazu, Gutes an uns herunterzuspielen oder es als »das ist doch selbstverständlich« zu relativieren. Damit erniedrigen wir uns selbst und machen uns gegenüber dem Mobber leicht angreifbar. Wenn andere Ihre Leistungen nicht sehen (wollen), dann tun Sie es eben selbst. Loben Sie sich!

Es gibt keinen Tag, an dem man »alles« falsch macht. Schauen Sie, was Sie heute gut und richtig gemacht haben. Und sei es, dass Sie es geschafft haben, einmal mehr zur Arbeit zu gehen. Das allein verdient schon ein besonderes Lob und Anerkennung.

Und wer weiß, ob Ihr Chef unter diesem Druck die gleiche Courage hätte wie Sie?

Führen Sie ein Lob-Tagebuch, um sich selbst vor Augen zu führen, was Sie alles leisten. Sie werden erstaunt sein, wie leistungsfähig Sie sind.

Belohnen
Sich bei Mobbing neben dem Loben sich auch noch selbst belohnen klingt für Betroffene, als müssten sie den Gordischen Knoten lösen. Doch es hilft, von den negativen Emotionen, die einen gefangen halten, wegzukommen und positive Gefühle freizusetzen. Setzen Sie sich ein erreichbares Ziel und belohnen Sie sich anschließend.

Abgeben können
Sie sorgen für sich, indem andere für Sie sorgen. Sie erleben eine Entlastung und müssen die Last nicht mehr allein tragen. Letztendlich trägt es zur Erholung bei, abgeben zu können und sich nicht für alles verantwortlich zu fühlen.

Damit steigen Sie aus dem Teufelskreis aus: Durch Entlastung erfahren Sie eine Entspannung, es entstehen neue Lösungen. Sie genießen die kleinen Dinge des Lebens und heben die eigene Wertschätzung.

Durchhalten und geduldig mit sich selbst sein
Jeder noch so kleine Schritt ist ein Erfolg. Geben Sie nicht gleich auf, wenn Sie das Gefühl haben, diese Übungen können Sie nicht umsetzen. Wenn Sie sich ein Bein gebrochen haben, wird auch niemand von Ihnen erwarten, dass Sie drei Tage später an einem Marathon teilnehmen. Es gibt Tage, da klappt es partout nicht, und das ist auch in Ordnung. Befreien Sie sich von dem Druck, probieren Sie es immer wieder. Irgendwann klappt es. Und vergessen Sie nicht, sich dann zu belohnen!

Fehlertolerant sein
Seien Sie tolerant zu sich und Ihren Fehlern. In keinem anderen Land als Deutschland werden Fehler so sehr als persönliche Inkompetenz gewertet. Die Angst vor Fehlern in Deutschland geht soweit, dass sich kaum noch jemand getraut, welche zu machen. Dabei sind sie ein Teil unseres Lebens.

Wer in Amerika scheitert, dem sagt man: »*Na prima, du bist so oft gescheitert, jetzt weißst du ja, wie es geht und kannst durchstarten.*«

Klartext

Die oben genannten Angebote sind begleitende Alltagshilfen, die helfen sollen, den Tag zu überstehen, statt mich hilflos zu erleben. Wer täglich kämpft und in Anspannung lebt, kann diesen Kampf nur gewinnen, wenn er lernt, so viel und so oft wie möglich zu entspannen und so oft wie möglich für positive Gefühle zu sorgen.

Bei akuten depressiven Zuständen werden die angebotenen Hilfen vor Ort möglicherweise nicht greifen. In diesem Fall sollten Sie unbedingt externe Unterstützung suchen.

Sobald Besserung eintritt, können Sie einen erneuten Start probieren.

3.4 Übungen

Die vorgestellten Übungen sind leicht erlernbar und sofort umsetzbar. Ich habe sie während meines eigenen Mobbings angewandt oder von meinen Klienten gute Rückmeldungen erhalten.

Nehmen Sie 5 kleine Zettel oder Kärtchen. Notieren Sie auf jedes Kärtchen eine positive Eigenschaft, die Sie von sich kennen. Es können auch Eigenschaften oder Komplimente sein, die Ihnen andere mitgeteilt haben. Stecken Sie die Kärtchen an einen Ort, an dem Sie sie jederzeit griffbereit haben, z. B. Portemonnaie, Handtasche oder unter die Schreibtischunterlage.

Wenn Sie angegriffen werden, holen Sie die Kärtchen heraus und lesen Sie sie so lange immer wieder durch, bis es Ihnen besser geht.

Sie können anfangs auch mit wenigen Eigenschaften beginnen und diese immer wieder ergänzen, sobald Ihnen etwas einfällt oder Ihnen eine dritte Person eine Eigenschaft rückmeldet.

Fällt Ihnen nichts ein, fragen Sie doch einmal in Ihrem Umkreis nach. Jeder Mensch hat seine individuellen Stärken, auf die er zurückgreifen kann und die ihn zu einer einzigartigen Persönlichkeit gemacht haben.

Denken Sie bitte daran, Eigenschaften aufzuzählen. Also nicht: Ich bin eine gute Rechtsanwaltsgehilfin, sondern die damit verbundenen Eigenschaften aufzuzählen wie ich bin *pünktlich*, ich bin *zuverlässig*, ich bin *freundlich* zu den Mandanten.

Oder wenn Sie kaum krank sind, welche Eigenschaften/persönliche Stärken dazu führen, dass Sie stets zum Dienst erschienen sind, z. B. Ausdauer.

Notieren Sie nicht, *was* Sie geleistet haben, sondern *welche Eigenschaften* zum Erfolg geführt haben.

Sollte Ihnen nichts einfallen und Sie auch nicht den Mut haben, andere zu fragen, dann finden Sie bestimmt in der nachfolgenden Liste einige Anregungen:

- pünktlich
- freundlich
- humorvoll
- sportlich
- zielstrebig
- kommunikativ
- geduldig
- gesellig
- musikalisch
- romantisch
- einfühlsam
- flexibel
- hilfsbereit
- mutig
- kreativ

■ leistungsorientiert	kämpferisch	durchsetzungsfähig
■ ehrgeizig	tapfer	charmant

Nun haben Sie einen ersten Schritt getan, um Ihre Ressourcen zu erkennen.

Übung Grübelzwang/Kopfkino

Stopp sagen oder Hand nach vorne ausstrecken, als ob Sie die Gedanken abhalten können.

Übung Kleine Übungen zum Stressabbau

Zeitfaktor

Vergegenwärtigen Sie sich, wie viel Zeit das Mobbing tatsächlich kostet. Schauen Sie anschließend, wie viel Zeit für andere Dinge bleiben. So werden sie erkennen, dass der gefühlte Stress weit höher ist als der tatsächliche Aufwand. Nehmen Sie sich eine bestimmte Zeit vor, sich mit dem Mobbing zu beschäftigen. Danach sollten Sie sich schöneren, abwechslungsreicheren Beschäftigungen zuwenden.

Raum putzen

Nimmt die Angst vor Gesprächen, macht gelassener und selbstsicherer. Dient der Vorbereitung vor Gesprächen.

1. Machen Sie es sich bequem und schließen Sie die Augen.
2. Stellen Sie sich den Raum vor, in dem das Gespräch stattfindet. Wenn Sie den Raum nicht kennen, können Sie sich einen imaginären Raum vorstellen. Die Übung funktioniert gleich gut.
3. Stellen Sie sich nun vor, wie Sie mit Putzmittel den Raum säubern.

4. Putzen Sie so detailgetreu wie möglich und denken Sie an Fenster, Decken, Tischplatten, Stühle und Schränke usw.
5. Nehmen Sie einen Eimer Wasser und einen Lappen. Füllen Sie den Eimer mit Wasser und stellen Sie sich vor, wie schön das Wasser silberfarben glänzt, ja richtig glitzert. Mit jedem Wischen strahlt nun auch mehr und mehr der Raum.
6. Stellen Sie sich vor, wie Sie ab und an das dreckige Wischwasser ausleeren und mit neuem, frisch glänzenden Wasser auffüllen.
7. Wischen und säubern Sie den Raum so lange, bis er vollständig strahlt und glänzt.
8. Schauen Sie zum Abschluss im Raum umher und genießen Sie, wie wohl Sie sich darin fühlen, und genießen Sie mit Stolz, wie schön alles blitzt und glänzt.

Sie können diese Übung am Abend vor einem wichtigen Termin durchführen, am besten vor dem Einschlafen. Sie werden feststellen, dass Sie sich im Raum wohlfühlen, das Gespräch souveräner und selbstbewusster meistern.

Vogelperspektive — Übung

Hilft, wieder handlungsfähig zu werden

1. Stellen Sie sich vor, Sie würden sich aus einer bestimmten Höhe selbst sehen können.
2. Gehen Sie in die Beobachterperspektive und sprechen Sie sich selbst in der dritten Person an.
3. Werten Sie dabei Ihre Aktivitäten nicht, sondern stellen Sie nur fest oder fragen Sie neutral, als wären Sie ein Kommentator im Fernsehen.
4. *Was macht er jetzt? Er sitzt da und weiß keinen Rat. Er seufzt hörbar. Er steht auf und läuft im Zimmer umher. Er grübelt immer noch über dem Problem. Wie will er entscheiden? – Er beschließt, an*

die frische Luft zu gehen, um zunächst Abstand zu gewinnen. Er will sich morgen damit wieder beschäftigen.
Er geht jetzt ins Schlafzimmer und zieht sich an …

Durch diese Übung bekommen Sie Distanz zu Ihren eigenen heftigen Emotionen und werden wieder handlungsfähiger.

Übung **Atemübung**

Hilft, Stress abzubauen, schützt vor Angriffen

1. Suchen Sie einen ruhigen, ungestörten Ort auf.
2. Setzen Sie sich bequem hin, schließen Sie die Augen oder schauen Sie auf einen Punkt am Boden.
3. Beobachten Sie einige Momente Ihren Atem.
   Geht er schnell, langsam, heftig oder ruhig? Werten Sie diesen nicht, sondern beobachten Sie ihn lediglich.
4. Überlegen Sie, was Ihnen zur Zeit fehlt: Benötigen Sie vielleicht Kraft, Mut, Ruhe oder Ausgeglichenheit?
5. Lassen Sie sich Zeit und überlegen Sie genau.
6. Wenn Sie sich sicher sind, was Sie zur Zeit brauchen, dann stellen Sie sich vor, wie Sie mit jedem Atemzug das Benötigte einatmen.
7. Spüren Sie, wie es durch die Nase geht und von dort in den gesamten Körper gelangt.
8. Fühlen Sie, wie es Sie durchdringt und über die Haut ausstrahlt.
9. Fühlen Sie, wie es den ganzen Körper durchdringt und Sie erstrahlen lässt.
10. Genießen Sie dieses schöne Gefühl. Stellen Sie sich vor, wie andere sich mit Ihnen freuen und Sie bewundern.
11. Kehren Sie langsam in den Raum zurück. Nehmen Sie sich die Zeit, die Sie brauchen.

Stellen Sie sich vor, dass Sie dieses Gefühl oder auch alles andere überall einatmen können und Ihnen jederzeit über den Atem zur Verfügung steht.

Anker für positive Körperzustände

Übung

Innerer Halt, Stresszustände, Sicherheitsgefühl

1. Suchen Sie in Ihrer Erinnerung nach einer Zeit, in der Sie sich wirklich sicher und gut mit sich selbst gefühlt haben.
2. Das kann im wirklichen Leben so gewesen sein, Sie können sich das aber auch vorstellen (wie Sie sich sicher, entspannt gefühlt haben).
3. Erinnern Sie sich, was Sie dort gesehen haben, gerochen haben, gehört haben, die Lufttemperatur, die Sie mit den Händen fühlen konnten.
4. Suchen Sie den exakten Moment, in der Situation, in der Sie das größte Ausmaß an Sicherheit gespürt haben.
5. Was haben Sie sich da innerlich gesagt (Gedanken) in diesem Moment großer Sicherheit und Aufgehobenseins?
6. Welche Gefühle hatte der Körper, als er so sicher und entspannt war?
7. Wenn Sie es ganz gut spüren können, drücken Sie (z.B.) den Daumen und den Zeigefinger zusammen als Anker an diese gute Sicherheitserfahrung.
8. Sie können sich auch vorstellen, Sie würden ein Foto davon machen und es anschließend in ein Fotoalbum kleben.
9. Abschluss: Erinnern Sie sich, dass Sie diese Anker zu jeder Zeit benutzen können, auch wenn Sie aufgeregt sind oder unter Stress stehen.
10. Kommen Sie jetzt wieder mit der Aufmerksamkeit in diesen Raum zurück.
11. Statt zum Thema Sicherheit geht die Übung natürlich auch für Vertrauen, Kompetenz etc.

Quelle: Traumaseminar Ernst Kern

Tipps zum Umgang mit dem Telefon
Beugt Stress vor

An manchen Arbeitsplätzen läutet das Telefon den ganzen Tag und man fühlt sich genervt. Am liebsten würde man es aus dem Fenster werfen. In dem Moment, wenn das Telefon klingelt, stellt man sich innerlich negativ auf das Telefon ein. Probieren Sie diese Übung aus, um sich positiv auf das Läuten einzustellen.

Lassen Sie das Telefon 3 Mal läuten.

Atmen Sie bei jedem Läuten tief durch.

Beim 3. Läuten lächeln Sie und nehmen den Hörer ab.

So stellt sich Ihr Gehirn positiv auf die Verbindung »Läuten – Telefon« ein und Sie sind auf Ihren Gesprächspartner freundlich eingestellt.

In manchen Firmen wird erwartet, dass die Mitarbeiter sofort nach dem ersten Läuten ans Telefon gehen. Lassen Sie sich nicht unter Druck setzen. Letztlich geht es um Ihr Wohlbefinden und damit langfristig um Ihre Gesundheit.

Klartext

Entspannen ist alles andere als einfach, aber es ist unabdingbar, um Kraft zu tanken. Wer entspannt ins Büro geht, hat schon halb gewonnen.

Es hilft oft zu erkennen, an welchen Punkten man angreifbar ist. Schwächen haben alle, aber man reift an seiner Persönlichkeit.

3.5 Hilfe im unmittelbaren beruflichen Umfeld

Unmittelbarer Vorgesetzter

Die Reaktionsweisen der Vorgesetzten auf Mobbing in ihrem Team ist fast so vielfältig wie es Chefs gibt.

Da gibt es zum einen die Hilflos-Überforderten. Sie fühlen sich schrecklich unwohl bei der gestellten Anforderung, einen eskalierenden Konflikt lösen zu müssen. Sie suchen Ausreden, vertrösten oder beteuern ihr absolutes Verständnis für die Situation.

Die anderen geben sich aggressiv-bissig oder auch einfach frech. Sie geben den Konflikt an die Kollegen zurück, fühlen sich nicht zuständig, lassen sich verleugnen oder verschieben den anberaumten Termin immer wieder.

In allen genannten Fällen lassen sie den Hilfesuchenden mit seinem Problem allein.

»Dann sollen sich die zwei Streithähne mal zusammensetzen. Das kann doch nicht so schwer sein. Die Kleinigkeit lässt sich doch wohl noch unter Erwachsenen regeln. Dafür ist mir meine Zeit nun wirklich zu schade.«

Lässt der Chef sich auf ein Gespräch ein, sucht er die Schuld häufig beim Hilfesuchenden.

Vorgehen

So schlimm Mobbing auch ist, es lässt sich im Prinzip immer – ausnahmslos – durch den Chef beenden. Er ist der erste und wichtigste Ansprechpartner, wenn der Konflikt zu eskalieren droht. Mobbing breitet sich da aus, wo Führungskräfte schwach und passiv sind.

»Er hat unter anderem die Arbeitnehmer ... vor Diskriminierungen und Anfeindungen zu schützen, ... im Rahmen seiner allgemeinen Fürsorgepflicht auf das Wohl und die berechtigten Interessen des Arbeitnehmers zu schützen ... und ist verpflichtet, das Persönlichkeitsrecht des Arbeitnehmers zu schützen.« (Zitat aus Rechtsberater – Mobbing im Arbeitsverhältnis, Norbert Kollmer, C. F. Müller)

Wenn der Chef selbst mobbt bzw. absolut blockiert, dann sollte im Vorfeld überlegt werden, gleich die nächsthöhere Instanz aufzusuchen. Gibt es keine übergeordnete Instanz, werden Sie intern wahrscheinlich nichts mehr erreichen, sondern externe Stellen anrufen müssen.

Da Führungskräfte unterschiedlich auf Konflikte reagieren, fallen die Lösungsmöglichkeiten auch verschieden aus. Gespräche sollten gut und gründlich vorbereitet werden. Sie sind wichtige

Weichensteller für die Zukunft und können entscheidend sein, dass das Mobbing beendet wird. Viele Vorgesetzte sind in Kommunikation geschult und wissen, wie sie Gespräche führen müssen. Daher empfehle ich, das Gespräch möglichst mit professioneller Hilfe vorzubereiten.

Es gibt vorab bestimmte Fragenkriterien,
nach denen Sie ein Gespräch vorbereiten sollten

Überlegen Sie, welche Ziele Sie haben. Ein »Also, ich will einfach nur meine Ruhe haben« ist zwar vielleicht wahrheitsgemäß, jedoch zu unbestimmt. Sie laufen Gefahr, dass Ihre Aussage so ausgelegt wird, wie es Ihrem Chef oder dem mobbenden Kollegen passt.

Besser ist es, wenn Sie die Ziele genau definieren. Fragen Sie sich, wie Ihr Ziel mit Inhalten gefüllt werden kann. »*Ich möchte, dass die Kollegin mich nicht gleich am frühen Morgen mit ihren privaten Sorgen überfallt. Wenn sie Fragen an mich richten will, sollte sie mich vorher fragen, ob ich gerade Zeit für ihr Anliegen habe. Zudem möchte ich eine faire Urlaubsregelung für beide Seiten während der Ferienzeiten.*«

Überlegen Sie, was im schlimmsten Fall und was im besten Fall eintreten kann, wenn Sie das Gespräch suchen. Im schlimmsten Fall glaubt Ihnen der Chef nicht; im besten Fall unterstützt er Sie, indem er aktiv einschreitet.

Um sich selbst nicht unnötigem Stress auszusetzen, sollten Sie bei der Wertung des Erfolges variabel sein. Was ist das kleinste Ziel, was ist das höchste Ziel, das ich erreichen kann? »Er soll mir wenigstens im Gespräch zuhören (kleinstes Ziel) und er soll mit der Kollegin sprechen und sie auffordern, das Mobbing sofort zu beenden (höchstes Ziel).« So bleiben Sie offen für Verhandlungsspielräume und ersparen sich persönliche Enttäuschungen.

Möchten Sie eine Person Ihres Vertrauens mitnehmen oder das Gespräch allein suchen?

Aus internen Kreisen dürfen jederzeit Kollegen oder Betriebsrat/Personalrat usw. mitgehen. Der Chef hat keine Handhabe,

Ihnen dies zu verweigern. Es steht Ihnen zu, für sich und Ihr Wohlergehen zu sorgen und den Gesprächsrahmen mit zu bestimmen.

Die Begleitung von externen Personen kann der Vorgesetzte verweigern. Aber auch in diesem Fall gibt es Möglichkeiten, aktiv einzugreifen.

Wenn Sie ein Vier-Augen-Gespräch wünschen, kündigen Sie es gegebenenfalls vorher an, sonst kann es zu bösen Überraschungen kommen. Im schlimmsten Fall kommen Sie zwar allein, aber der Chef hat gut für sich gesorgt und sich bereits Unterstützung dazugeholt.

Welche Rolle sollen die Unterstützer einnehmen?

Sollen und können sie sich zu den Vorfällen äußern? Sind sie eher Mediator, Moderator, Zeugen oder sollen sie Sie bei Ihrem Anliegen unterstützen? Welche Infos sollen/dürfen die Unterstützer weitergeben?

Statt den Chef mit den Gegebenheiten zu konfrontieren, ist es taktisch klüger zu überlegen, mit welchen Argumenten er sich mit ins Boot holen lässt.

Da können Argumente helfen, den Nutzen und/oder die Folgen für ihn darzulegen:

Z. B. der wiederhergestellte Betriebsfrieden bringt höhere Leistung, was ihn wiederum bei seinen Vorgesetzten im positiven Licht erscheinen lässt.

Es wirkt oft wahre Wunder, Führungskräfte auf der emotionale Ebene anzusprechen.

Erzählen Sie zum Beispiel, wie gerne Sie früher zur Arbeit gegangen sind, aber seit die neue Kollegin da ist, gehen Sie schon frühmorgens mit Bauchweh los.

Auch wenn Sie für den ersten Moment glauben, Ihre Führungskraft würde keine Reaktion zeigen, oft regt sich im Innersten eines Menschen doch etwas. Und manchmal braucht es etwas Geduld, weil es zeitverzögert ankommt. Auch Vorgesetzte müssen manches Gesagte erst verdauen, bevor sie es umsetzen.

Nicht umsonst arbeitet die Werbeindustrie mit Emotionen und weniger mit Sachargumenten.

Binden Sie den Chef mit ein, indem Sie Fragen stellen oder ihn um Hilfe bitten.

»Ich weiß mir keinen Rat mehr. Obwohl ich immer wieder das Gespräch mit der Kollegin gesucht habe, bekomme ich keine Antwort mehr von ihr. Können Sie mir da helfen?« Damit geben Sie ein Stück die Verantwortung an ihn weiter, ohne ihn mit Vorwürfen und verdeckten Aggressionen zu konfrontieren.

Möglicherweise gibt der Chef die Verantwortung zurück und fragt Sie, was Sie von ihm erwarten. Dann können Sie Ihre Ziele und Ihre Wünsche an ihn benennen.

Seien Sie darauf gefasst, das Ihr Chef ein Gespräch mit Ihrem Widersacher anbietet. Klären Sie für sich, ob Sie ein Gespräch wünschen, zu welchen Konditionen und was das Ziel des Gespräches sein soll. Ansonsten laufen Sie Gefahr, die Gesprächsoptionen aus der Hand zu geben.

Erwähnen Sie in allen Gesprächen niemals das Wort »Mobbing«, auch wenn es das ist. Der Gesprächspartner fühlt sich angegriffen, rechtfertigt sich, geht in Abwehr oder lässt Sie schlicht stehen, weil er die »Jalousien heruntergelassen« hat. Sie werden aber keinesfalls Ihr Ziel erreichen, nämlich dass das Mobbing beendet wird. Mobbing im eigenen Betrieb gilt immer noch als ein Tabu. Vorgesetzte reagieren gemäß dem Satz: »In unserer Firma gibt es kein Mobbing.« Sprechen Sie besser von einem eskalierten oder nicht bereinigten Konflikt. Im Grunde meinen Sie damit das Gleiche, geben dem Kind nur einen anderen Namen.

So wie Sie einen Stuhl, ein Telefon und ein Zimmer mit Fenster zum Arbeiten benötigen, brauchen Sie auch ein entsprechendes störungsarmes Umfeld, um Ihre Arbeitsleistung zu erbringen. Dafür hat Ihr Arbeitgeber in gleichem Maße zu sorgen.

Lassen Sie sich deshalb nicht mit Floskeln abspeisen.

Andernfalls geht der Schuss nach hinten los. Sie werden bei der weiteren Eskalation für Ihre sinkende Arbeitsleistung verantwortlich gemacht und müssen sich rechtfertigen. Dann sind Sie bereits als der Schuldige ausgemacht. So üben Sie Druck auf den

Chef aus. Handelt er nicht, kommt er eines Tages in Erklärungsnot, warum er auf Ihre Einwände nicht rechtzeitig reagiert hat. Spätestens vor Gericht haben Sie die Argumente auf Ihrer Seite.

Dazu ist es wichtig, das Gespräch zu protokollieren. Faire Chefs werden das Gespräch von sich aus protokollieren und Ihnen eine Abschrift aushändigen, wenn es in dieser Unterredung zu wichtigen Ergebnissen kommt.

Klartext

Die meisten Gespräche scheitern daran, dass es bei mündlichen Beteuerungen bleibt und der Gesprächspartner damit in Sicherheit gewogen wird. Eine Verhandlung bringt Sie nur weiter, wenn Sie mit einem konkreten Ergebnis hinausgehen.

a. Welche konkreten Schritte werden unternommen?
   »Der Chef wird den mobbenden Kollegen zu einem Einzelgespräch holen und ihn auf die Vorkommnisse ansprechen.«
b. Wann sollen diese Schritte umgesetzt werden?
   »Bis spätestens Ende nächster Woche wird er ein Gespräch mit ihm geführt haben. Nach 4 Wochen werden beide Kollegen erneut geladen und um eine Rückmeldung gebeten.«
c. Wie soll das Ergebnis überprüft werden?
   »Sollte sich der mobbende Kollege weiterhin uneinsichtig zeigen, droht ihm eine Abmahnung.«

Sind die Ergebnisse nicht überprüfbar, kann sich der Chef herauswinden: »Ich habe ja mit dem Mitarbeiter geredet, aber was soll ich machen?«

Gut ist auch, sich bereits professionelle Hilfe zu holen, um die Geschehnisse dokumentieren zu lassen und sich im Vorfeld abzusichern. Im Streitfall gilt diese Stelle als neutral und kann bezeugen, wie sehr Sie der Prozess mitgenommen hat und wie aktiv Sie sich gezeigt haben.

Bedenken Sie, dass Führungskräfte stets gut für sich sorgen und sich rechtzeitig die nötige Unterstützung holen. Ein Vorgesetzter handelt niemals nach dem Glauben: *Das krieg ich schon irgendwie hin.* Für Führungskräfte ist ein gutes Netzwerk unabdingbar; meist haben sie über diesen Weg auch ihre Position erhalten. Nutzen Sie dieses Wissen für sich, nehmen Sie sich die gleichen Rechte und sorgen Sie im gleichem Maße für sich.

Sie müssen nicht jeden Gesprächsverlauf aushalten. Wenn Sie sich unwohl fühlen, das Gespräch einen Verlauf nimmt, der so nicht geplant war oder Sie sich unter Druck gesetzt fühlen, haben Sie das Recht, jederzeit den Raum zu verlassen, das Gespräch zu beenden und/oder einen neuen Termin anzuberaumen. Auch müssen Sie Fragen nicht sofort beantworten, sondern können sich diese notieren und sich zunächst in Ruhe informieren, bevor Sie antworten.

Sitzordnung

Überlegen Sie auch, welche Sitzordnung Sie bevorzugen. Die Sitzordnung ist ein nicht zu unterschätzender Faktor, damit Sie sich im Gespräch wohl(er) fühlen.

Sprechen Sie mit Ihrer Vertrauensperson vorher über die Sitzordnung und bitten Sie um deren Einhaltung.

Vorgesetzter höherer Instanz

Wenn der unmittelbare Vorgesetzte nicht reagiert, sollte überlegt werden, die nächsthöhere Instanz zu informieren. Es kommt nicht selten vor, dass vonseiten der unteren Ebenen versucht wird, das Mobbing zu vertuschen. So weiß die nächste Instanz gar nichts von den Vorfällen. Sie könnte durchaus helfend eingreifen. Voraussetzung dazu ist natürlich, das sie entsprechend vertrauenswürdig ist. Ihr Chef wird keinesfalls begeistert sein, wenn Sie seinen Vorgesetzten vom Mobbing in Kenntnis setzen. Schließlich spiegeln Sie ihm seine Schwächen.

Ist er selbst ins Mobbing involviert, sieht er sich bedroht und hat das Gefühl, Sie fallen ihm in den Rücken. Letztendlich geht es aber um Ihren Job, um Ihre Gesundheit und um Ihre Lebensqualität. Sie geben der unteren Chefebene indirekt das Signal, Sie weiter zu schikanieren, wenn Sie nicht eingreifen.

Wo Chefs Widerstand spüren und sich für ihr eigenes Verhalten rechtfertigen müssen, werden sie es sich reiflicher überlegen, grenzüberschreitend zu agieren. Sie müssen bei wiederholtem Anlass damit rechnen, ihren Job zu verlieren.

Einbrecher suchen sich gezielt Häuser aus, die schlecht gesichert sind und von denen sie hoffen, dass sie unbeobachtet bleiben.

In gut gesicherte Häuser und in diejenigen, bei denen die Nachbarn ein Auge darauf haben, wird seltener eingebrochen.

Mobber handeln nach dem gleichen Muster. Sie suchen sich die Opfer heraus, von denen sie am wenigsten Widerstand erwarten. Ist der Widerstand zu hoch und müssen sie mit Beobachtungen rechnen, werden sie sich überlegen, ob sie das Mobbing weiterhin betreiben.

Die Gesprächsvorbereitung mit den zuvor zu klärenden Fragen sind ähnlich wie im vorherigen Kapitel dargestellt. Sie erweitern sich um folgende Überlegungen, um den Gesprächserfolg besser einschätzen zu können.

Kenne ich den/die nächsten Vorgesetzten?

Wie gut kenne ich ihn?

Wie gut stehen die Chefs – tatsächlich – zueinander?

Sind sie sich sympathisch/unsympathisch?

Was weiß ich aus eigener Erfahrung oder aus der Erfahrung anderer, wie dieser mit Konflikten umgeht?

Gibt es andere, neuere Ziele bei diesem Gespräch?

Überdenken Sie sehr genau, ob Sie hier wirklich noch allein zu dem Gespräch gehen wollen. Nur wenn Sie wirklich wissen, dass Sie auf gute Rückendeckung zählen können, sollten Sie den Versuch allein wagen.

In den meisten Fällen rate ich dazu, einen neutralen Zeugen mitzunehmen. Das sollte eine Person sein, die auch problemlos vor Gericht aussagen kann. Dies können interne Hilfsangebote oder externe Berater leisten.

Sie können die Fragen bzw. noch offene Fragen auch zu einer professionellen Beratung mitbringen und dort gemeinsam klären. Das spart wertvolle Zeit auf beiden Seiten und sie können schneller und effektiver in die Materie einsteigen.

3.6 Hilfe im weiteren beruflichen Umfeld

Betriebs-/Personalrat

Kommt der Betroffene bei seinen Vorgesetzten mit seinem Anliegen nicht weiter und sucht Hilfe in seiner betrieblichen Umgebung, dann ist der Betriebs-/Personalrat (= im Folgenden PR/BR genannt) der nächste Ansprechpartner. Engagierte Personalräte/Betriebsräte beraten, greifen deeskalierend in den Prozess ein und vermitteln zwischen den Konfliktparteien, um damit einen Interessensausgleich zu schaffen.

Sie sind mit den gesetzlichen Grundlagen vertraut, kennen die internen Strukturen des Betriebes und beurteilen diese besser als ein Außenstehender. Der PR/BR ist ein unentbehrliches Sprachrohr zur Vertretung der Arbeitnehmerinteressen.

Beim Thema Mobbing sieht die Realität leider häufig anders aus.

In Seminaren und Beratungen winken die Betroffenen meist ab, wenn das Wort PR/BR fällt.

Sie berichten von Verschlimmerungen ihrer Lage, sobald sich der PR/BR eingeschaltet hat. Vertrauliche Informationen werden an Vorgesetzte weitergegeben, die wiederum gegen den Gemobbten verwendet werden. PRe werden ohne Einverständnis des Betroffenen aktiv, suchen den Konfliktpartner auf und vereinbaren Regelungen. Oder der Betroffene wird vor vollendete Tatsachen gestellt. Dies hängt damit zusammen, dass der PR/BR nicht selten durch Vorgesetzte im Betrieb »gesteuert« wird.

Bevor Sie den PR/BR aufsuchen oder wenn Sie sich nicht sicher sind, dass er Sie in Ihrem Sinne unterstützt, machen Sie sich im Vorfeld Notizen bzw. führen Sie ein Protokoll:

- Wer hat bei dem Vorbereitungsgespräch teilgenommen?
- Wo, wann, wie lange fand das Gespräch statt?
- Habe ich mich im Gespräch wohlgefühlt?
- Habe ich mich wertgeschätzt und angenommen gefühlt?
- Bin ich mit meinem Problem zu jeder Zeit ernst genommen worden?

- Sind alle Punkte, die mir wichtig waren, hinreichend abgeklärt und besprochen worden?
- Habe ich ein besseres Gefühl, wenn ich an das nächste, gemeinsame Gespräch mit dem Konfliktpartner denke?
- Hat er mich ehrlich und aufrichtig über Chancen und Risiken aufgeklärt?
- Welche Informationen darf der PR/BR über mich weitergeben und welche sollen im Rahmen der Schweigepflicht unterlassen werden.

Vorbereitungskriterien zum Gespräch:

- Welche Rolle wird der PR/BR im Gespräch einnehmen: Mediator, Unterstützer, Vermittler, Zeuge usw.?
- Wie kann er mich unterstützen, den Konflikt nachhaltig zu bereinigen?
- Hat er genügend Erfahrung und Kenntnisse zum Thema Mobbing?
- Wie reagiert er auf die oben gestellte Frage? (aggressiv, abweisend, verständnisvoll – kann ein Hinweis auf professionellen Umgang mit kritischen Fragen sein)
- Wer wird – noch – am Gespräch teilnehmen und ggf. warum?
- Wo soll das Gespräch voraussichtlich stattfinden?
- Kann ich oder PR/BR Einfluss auf die Räumlichkeit nehmen?
- Welche Sitzordnung soll eingenommen werden, damit ich mich wohlfühle?
- Wie werden die Gesprächsziele überprüft? (Woran/an welchen Kriterien mache ich fest, dass mein Ziel erreicht wird?)
- Wann glaubt der PR/BR, dass das Gespräch gut gelaufen ist?

Wenn Sie sich während des Gespräches nicht ausreichend unterstützt fühlen oder das Gespräch läuft nicht mehr in Ihrem Sinne, dann bitten Sie ruhig um eine Unterbrechung und notfalls um einen erneuten Gesprächstermin. Gewerkschaftler verhandeln mit der Arbeitgeberseite auch in mehreren Sitzungen. Auch wenn man versucht, Sie unter Druck zu setzen, indem man Ihnen droht, bleiben Sie bei Ihrer Aussage.

3.7 Hilfe im privaten Umfeld

Ehe- oder Lebenspartner

Warum ist mir dieser Abschnitt so wichtig?
Als ich angefangen habe, dieses Kapitel zu schreiben, habe ich meine Freunde und Familie gebeten, Stellung zu meiner persönlichen Geschichte zu nehmen.

Ich habe sie gefragt

- wie sie diese Zeit erlebt haben,
- welche Gefühle und Gedanken sie dabei hatten,
- wie sie mich erlebt haben,
- was sie sich von mir gewünscht haben,
- wie sie gerne geholfen haben oder hätten,
- was sie in dieser Zeit getan bzw. nicht getan haben,
- ob sie sich abgegrenzt haben und wenn, wie,
- was sie Ihnen, liebe Leser, in Ihrer eigenen Erfahrung mit auf den Weg geben möchten?

Wenn auch die Rückmeldungen recht unterschiedlich ausfielen, so waren doch zwei große Anliegen herauszuhören:

1. Ich war überrascht, dass der Wunsch, mir *mehr* zu helfen, sehr groß war. Sie hätten sich gerne ausführlicher mit mir unterhalten. Obwohl ich glaubte, sehr offen mit dem Thema umgegangen zu sein, wurde ich doch eher als zurückhaltend wahrgenommen.
2. Der Wunsch, mehr Informationen zu diesem Thema zu bekommen.

Durch meine Fachkenntnisse und Ausbildungen wurde es mir möglich, eine Distanz zu der Problematik zu bekommen und somit auch Interpretationen zu den aktuellen Geschehnissen zu geben. Fakt ist: Mein Umfeld war interessierter, als ich dachte. Ich jedoch war zurückhaltender, weil ich meine Freunde »schonen« wollte und dachte: »Gehe ihnen bloß nicht auf den Wecker mit deinen ewigen Geschichten von der Arbeit.« Hätte ich damals den nötigen Mut gefunden, meine Freunde offen zu fragen, ob sie damit umgehen können, hätte ich sicherlich die richtige Dosis, die die jeweiligen Freunde verkraften, besser einschätzen können.

Da in vielen Büchern dieses Thema entweder gar nicht erwähnt oder nur kurz umrissen wird, möchte ich dem vorliegenden Kapitel einen größeren Raum geben.

Ich möchte Ihnen, ob Betroffener oder Angehöriger, Mut machen, das Thema Mobbing offener und ehrlicher anzusprechen. Das ist sicherlich nicht immer einfach und es gelingt auch nicht immer. Oft liegt es daran, dass Angehörige nicht wissen, *wie* sie helfen können. Der Betroffene wiederum weiß nicht, wie er das Thema ansprechen soll. Aufgrund der Hilflosigkeit ziehen sich Angehörige und Betroffene lieber zurück, anstatt darüber zu sprechen. Dabei stellen die Angehörigen das wichtigste Bindeglied zu dem Betroffenen her. Dort sucht er als Erstes Rat und Hilfe, findet Sicherheit, Vertrauen und Entlastung.

Es beginnt damit, dass die Angehörigen häufig den Erstkontakt zu professionellen Helfern herstellen: Sie sind es, die im Internet recherchieren, im Telefonbuch nachschauen und feststellen: »Tu was, du bist in Gefahr.« Sie rufen an, erkundigen sich für den Betroffenen und leiten für ihn die ersten Schritte ein. In meiner Praxis erkundige ich mich regelmäßig nach dem privaten Umfeld und dem Netzwerk des Betroffenen. Ich biete dem Partner an, mit in die Beratung zu kommen. Das hat zwei Gründe:

Zum einen soll der Partner von mir und meiner Arbeit einen persönlichen Eindruck bekommen. Es ist ein großer Unterschied, ob er lediglich von der Beratung erzählt bekommt oder die Beraterin selbst erlebt, Fragen stellt und mitwirken kann. Die Beratung wird dadurch für ihn transparenter. Damit ist der Partner nicht mehr Außenstehender, sondern Teil des Prozesses. Sehr wichtig ist mir dabei zu erläutern, welches Ziel wir erarbeitet haben und mit welchen Schritten wir das angestrebte Ziel erreichen wollen. Entscheidet sich der Partner, in der Beratung dabei zu sein, erlebt er sich als wertgeschätzt und ernst genommen. Ich zeige ihm auf, welch wichtige Aufgabe er übernimmt. Damit binde ich ihn in die Arbeit ein. Er wird mitverantwortlich.

Ich kläre den Partner zunächst auf, in welcher Situation sich der Betroffene befindet. Es ist für viele schwer nachvollziehbar, warum der Betroffene jetzt nicht mehr »der Alte« ist und er den Partner als distanziert erlebt. Ich vermittle, dass sich der Gemobbte in einer Ausnahmesituation befindet und wie sich die schwere Belastung psychisch auswirken kann.

Zum Schluss besprechen wir gemeinsam, wie dem Betroffenen geholfen werden kann.

Neben den Möglichkeiten gibt es aber Grenzen:

Oft treten die Angehörigen mit dem Wunsch an mich heran, ihnen mitzuteilen, wie lange der Prozess noch dauert und wie viele Beratungsstunden dazu benötigt werden. Ich kann die Not, die hinter diesen Fragen steht, nur zu gut verstehen. Leider ist diese Frage nicht leicht zu beantworten. Bei Mobbing gibt es viele Faktoren, die ich nicht oder nur eingeschränkt beeinflussen kann, wie zum Beispiel das Mobberumfeld.

Vorrangig bei der Unterstützung ist es, zunächst für sich selbst zu sorgen. Allein die scheinbar harmlose Frage an den Angehörigen, was er für sich tut, verwirrt ihn zunächst. Er beginnt das erste Mal, den Blick nach innen zu richten. Dabei denkt er über sich und seine Rolle nach. Gut helfen kann er jedoch nur, wenn er seine eigenen Grenzen und Fähigkeiten selbst wahrnehmen kann. Wie er dies schaffen kann, wollen wir uns in den nächsten Abschnitten genauer anschauen.

Beispiel

Herr Brand ist durch das Mobbing erkrankt und ist unsicher, ob er an seinen Arbeitsplatz zurückkehren soll. Schwerpunkte der Beratungsstunden sind die Aufarbeitung der emotionalen Verletzungen am Arbeitsplatz, die Akzeptanz seiner depressiven Erkrankung und die Frage, unter welchen Optionen eine Rückkehr an den Arbeitsplatz infrage kommt.

Daneben erzählt er mir bereits in der ersten Beratungsstunde von der guten und harmonischen Beziehung zu seiner Frau.

Doch das Mobbing von Herrn Brand belastet die Ehe und auch die Beziehung zu seinen Freunden. So biete ich ihm eine gemeinsame Beratung mit seiner Frau an.

Seine Frau willigt ein, und wenige Beratungsstunden später nimmt sie teil.

Frau Brand zeigt sich sehr interessiert. Neben der Frage nach aktuellen Ereignissen von Herrn Brand wende ich mich Frau Brand zu. Ich frage sie zunächst, wie sie das Mobbing erlebt. Sie erzählt mir, wie sehr sie darunter leidet, dass sich ihr Mann ein Stück zurückgezogen hat. Gleichzeitig versucht sie auch Verständnis für seine Situation zu zeigen und in Gesprächen für ihn da zu sein, auch wenn die Häufigkeit sie nervt.

Bei der Frage, was sie denn Gutes für sich tut, kommt sie ins Grübeln und antwortet dann: »Ja, ja, ich tue schon etwas«. Sie beginnt, einige Dinge aufzuzählen, doch dazwischen entstehen immer wieder Pausen. Es ist deutlich zu spüren, dass sie das erste Mal anfängt, über sich und ihre Situation nachzudenken. Schließlich sagt sie mehr zu sich selbst als an uns gerichtet: »Ja, also, was mache ich denn eigentlich so?«

Es zeigt sich, dass sie sich bisher nicht bewusst mit dem Thema auseinandergesetzt hat. Im weiteren Verlauf der Beratung erzählt sie, wie oft sie ihrem Mann Lösungsvorschläge unterbreitet und er sich hingegen halsstarrig zeige. Zudem glaubt sie, er solle sich die ganze Sache nicht so zu Herzen nehmen. Ich frage Herrn Brand, wie es ihm mit der Aussage seiner Frau geht, und er gibt zurück, dass er sich dadurch des Öfteren angegriffen fühlt. Zu Hause komme es daher öfters zu Spannungen und Streitgesprächen. An dieser Stelle kläre ich Frau Brand auf, dass der innere Rückzug ihres Mannes etwas Normales bei Mobbing ist und zu dem Krankheitsbild gehört.

Ich erkläre ihr, warum Lösungsvorschläge so schlecht angenommen werden, und zeige Strategien auf, wie sie ihrem Mann helfen und ihn unterstützen kann. Zum *Schluss* zeige ich beiden Möglichkeiten auf, wie sie wieder stärker füreinander da sein können.

Mobbing aus der Perspektive von Partner und Familie

Die Co-Abhängigkeit der Partner

Der Begriff »Co-Abhängigkeit« ist abgeleitet von »Co-Dependency« und wird häufig undifferenziert benutzt. Er stammt von der amerikanischen Suchtkrankenhilfe und dient der Beschreibung von Personen, die mit Abhängigen zusammenleben oder eine enge Beziehung zu ihnen haben und deren Leben dadurch beeinträchtigt ist.

In Fachkreisen wird auch von »Angehörigen von Suchtkranken« gesprochen. Co-Abhängige müssen aber weder in Beziehungen leben noch müssen ihre Angehörigen Suchtproblematiken aufweisen.

Zum Thema »Mobbing und Co-Abhängigkeit« gibt es aus wissenschaftlicher sowie ärztlicher Sicht wenig fundierte Anhaltspunkte. Aufgrund der Recherchen ergeben sich aber meines Erachtens einige Anhaltspunkte, die eine Co-Abhängigkeit fördern können.

Hier ist die Wissenschaft gefragt, sich dem Thema stärker zu widmen.

Auch Beratungsangebote sollten ein stärkeres Auge darauf haben, die Familie und Partner nicht nur in die Arbeit mit einzubeziehen, um mögliche Konstellationen im Vorfeld frühzeitig zu erkennen und auf Unterstützungsangebote hinzuweisen.

Begünstigende Faktoren können sein: Co-Abhängige unterstützen ihren Partner bis zur eigenen Selbstaufgabe.

Sie sind nicht in der Lage, die Aussichtslosigkeit ihres Verhaltens zu bewerten. Es kann passieren, dass sie ihre eigenen Gefühle und sich selbst nicht mehr wahrnehmen.

Je länger der Prozess andauert, desto häufiger entstehen bei ihnen Versagensgefühle.

Alles dreht sich nur ums Mobbing. Co-Abhängige sind am Ende ihrer körperlichen Kraft und seelischen Belastbarkeit. Sie fühlen sich ausgelaugt, sind bisweilen selbst krank.

Bestimmte Symbiosen/Machtkonstellationen können vorher bereits gegeben sein.

Diese können bewusst, häufig jedoch unbewusst, in der Familie bereits vor dem ausbrechenden Konflikt vorhanden gewesen sein: eine unterlegene Person, die eine Neigung zur Opferrolle hat, und die überlegene Person, die eher die Täterrolle einnimmt. Gerät die hilfsbedürftige Person ins Mobbing, können sich die Rollenmuster verstärken. Der Überlegene fühlt sich in seiner starken, beschützenden Rolle bestätigt. Zudem kann er mehr Kontrolle übernehmen, z. B. indem er ständig Ratschläge gibt. Er ist bereit, die Verantwortung für den Partner zu übernehmen.

Der Schwächere sucht Halt und Unterstützung und neigt dazu, die Verantwortung abzugeben. Er gibt das Signal an den Partner: Du musst dich mehr um mich kümmern.

Funktioniert das nicht, macht er den Partner zum Sündenbock für seine unangenehmen Gefühle.

So haben beide Partner einen gewissen Nutzen davon.

Nach dem Ende des Mobbingprozesses finden sich beide Partner in neuen Rollen wieder. Die stillschweigende Symbiose, der Nutzen entfällt und somit der Zusammenhalt, der bisher für lange Zeit in der Partnerschaft da war.

Die Rollen müssen neu definiert werden. Die Partnerschaft kann in eine erneute Krise geraten und daran zerbrechen. Deshalb ist es wichtig, an der Ehe zu arbeiten und sich in den neuen Rollen wiederzufinden.

Gerade Angehörige erhalten wenig Halt und Hilfe. Durch den Mobbingprozess geraten sie selbst in den Hintergrund und nehmen kaum noch ihre eigenen Gefühle und Bedürfnisse wahr. Ihre Arbeit und Unterstützung verdient aber weit mehr Aufmerksamkeit, und es sollte selbstverständlicher sein, ihre Mithilfe und Unterstützung zu schätzen.

In Amerika gilt Co-Abhängigkeit als eigenständige Krankheit, die sich nicht nur auf das Verhalten auswirkt, sondern auch auf die Persönlichkeit und deren soziales Umfeld. Aufgrund dessen wird sie als Familienkrankheit betrachtet, die sich im Laufe der Zeit auf alle Familienmitglieder auswirkt, wenn nicht rechtzeitig Hilfe in Anspruch genommen wird.

Co-Abhängigkeit ist eine psychische Erkrankung, die körperlichen Symptome zeigen sich in sehr vielfältiger Weise. Dazu gehören zum Beispiel ein geschwächtes Immunsystem, Depressionen, Ängste und gesteigerte Wut und Aggressivität.

Auswege und Hilfsmöglichkeiten finden Sie im nächsten Kapitel.

Klartext

Nicht jedes Auftreten von Co-Abhängigkeit, die sich aus dem Zusammenleben mit einem abhängigen Menschen entwickelt hat, ist behandlungsbedürftig. Wird die seelische Belastung allerdings so groß, dass psychosomatische Beschwerden, körperliche Erkrankungen und/oder psychische Störungen auftreten und somit eine eindeutig subjektive Beeinträchtigung vorliegt, so ist die Co-Abhängigkeit als behandlungsbedürftig zu diagnostizieren. In der Regel bedarf es hier eines Facharztes oder eines niedergelassenen psychologischen Psychotherapeuten.

Die häusliche Mobbing-Spirale aus der Sicht der Angehörigen

»Zu einem Streit gehören zwei!« Nach dieser bekannten Strategie versuchen die Angehörigen zunächst, dem Betroffenen Lösungsvorschläge zu unterbreiten.

Beispielhaft werden dann folgende Ratschläge gegeben.

»Nun sag dem Chef deine Meinung, dann muss er doch auf dich hören.«

Oder: *»Reiß dich mal zusammen, du weißt doch, wie der Chef ist. Er hat halt öfters schlechte Laune, da musst du durch! Geh ihm halt einfach aus dem Weg.«*

Im Verlauf des Prozesses spüren die Angehörigen, dass die Ratschläge von ihnen nicht greifen. Sie suchen nach einer Erklärung und glauben, dass sie in der Persönlichkeit des Betroffenen liegen. Wie bereits oben beschrieben, gehen die Angehörigen immer noch davon aus, dass es sich um einen Streit handelt, der sich – mit ein bisschen Willen auf beiden Seiten – aus dem Weg schaffen lässt.

Je nach Persönlichkeit des Betroffenen fallen die Ratschläge aus. Ist der Betroffene eher still, wird ihm geraten, sich mal ordentlich zur Wehr zu setzen und sich nicht alles gefallen zu lassen. Im umgekehrten Fall raten die Angehörigen zu mehr Zurückhaltung.

Je länger der Konflikt dauert, desto schwieriger ist es für den Angehörigen, den Verlauf nachzuvollziehen. Der Partner präsentiert Lösungen, der Betroffene kann und will sie nicht annehmen, der Partner wiederum fühlt sich verletzt. Die Vorwürfe häufen sich, alte Verletzungen werden mit der jetzigen Situation vermischt. Da heißt es dann schnell: »*Damals, bei meiner Mutter, hast du auch so trotzig reagiert.*« Oder es kommt zu Verallgemeinerungen, die dann mit dem jetzigen Prozess wenig zu tun haben. »*Du warst schon immer starrköpfig, kein Wunder, dass du jetzt ins Mobbing geraten bist.*«

Da sich der Angehörige mit der Situation überfordert fühlt, durchlebt er ähnliche Gefühle wie der Betroffene:

Weil keine Lösungsstrategien greifen, fühlt sich der Angehörige ohnmächtig und hilflos. Er möchte agieren, in die Handlung eingreifen, um sowohl seine eigene Hilflosigkeit zu überwinden als auch die Hilflosigkeit des Partners nicht mehr aushalten zu müssen. Später kann die Hilflosigkeit auch in Wut oder in Depression umschlagen. Die Wut kann helfen, aktionsfähig zu werden oder zu bleiben. Diese Gefühle richten sich einmal gegen den Partner, und er fragt sich: *Spürt er denn nicht, was er mir und seiner Familie antut?* Irgendwann haut der Partner auf den Tisch und sagt: »*Verdammt, jetzt lass doch mal los. Hör doch mal auf, immer nur von der Arbeit zu reden.*« Zum anderen richtet sich die Wut auch gegen den/die Mobber:

Was tun diese Menschen meinem Partner alles an? Wissen diese Menschen denn nicht, dass sie eine Familie in den Ruin bringen? Ist denen egal, dass Kinder darunter leiden? Wie kalt sind diese Menschen? Machen die das absichtlich oder unbewusst? Andererseits kann es auch passieren, dass der Angehörige in die Passivität gleitet.

Aus Angst, den Betroffenen zu verletzen, lässt er ihn zwar erzählen, aber er hört nicht mehr wirklich hin und schaltet einfach ab. Er versucht, sich abzulenken, sei es durch Sport, Hobbys, oder er verschanzt sich hinter der Zeitung.

Manchmal wird der Konflikt auch heruntergespielt. Es ist schwer wahrhaben zu wollen, welche Belastung der lang andauernde Prozess mit sich zieht. Dann bekommt der Betroffene häufig zu hören:

»*Ach, das gibt sich bestimmt wieder mit Frau Schmitt. Die ist immer so ausgesprochen nett zu mir, wenn ich vorbeikomme. Neulich hat sie mir sogar einen Kaffee angeboten.*« Oder: »*Also, ich kann mir nicht vorstellen, dass dein Chef dir den Urlaub versagen will, der weiß doch, dass wir seit Jahren mit Meiers nach Lanzarote fliegen und wie sehr wir uns darauf freuen.*« »*Das glaube ich nicht, dass der Chef die Projektleitung dem Müller übertragen will. Der Müller kriegt das doch nie hin. Wo dich der Chef doch letztes Jahr noch so gelobt hat!*«

Irgendwann tauchen Zweifel an der Glaubwürdigkeit der Schilderungen des Partners auf.

Erzählt er mir auch wirklich alles? Will er die Sache schönreden? – Wenn mein Partner doch nach seinen Darstellungen richtig gehandelt hat, warum wird er dann nicht in Ruhe gelassen? Gibt es vielleicht Details, die er verschweigt, die ihm peinlich sind oder die anders gelaufen sind, als er sie mir gegenüber schildert? Vielleicht ist auch der Blickwinkel meines Partners aufgrund des langen Konfliktes nicht mehr objektiv. Wirkt er auch zu Hause nicht immer rechthaberischer? – Irgendetwas passt da doch nicht …! Oft geht es nicht um die angezweifelte Aufrichtigkeit, sondern vielmehr darum, dass viele Ereignisse nicht nach dem logischen Verstand nachzuvollziehen sind.

Die durchlebten Emotionen wechseln sich häufig ab, und das Muster ähnelt dem des Betroffenen. Der Angehörige erlebt alle

Höhen und Tiefen des Prozesses mit. Auch er muss mit den Enttäuschungen fertig werden.

Neben der eigenen Kraft, die er für sich benötigt, kommt die Last, den Partner emotional entlasten zu wollen. Dazu muss er sich mehr um die Kinder mit ihren Wünschen und Bedürfnissen kümmern, weil der Betroffene nicht die nötige Kraft dafür hat.

Wer Mobbing nicht selbst erlebt hat, kann nur schwer nachvollziehen, vielleicht erahnen, warum der Konflikt nicht so einfach lösbar ist. Den Mobbingverlauf erlebt der Partner häufig zum ersten Mal aus dieser Sicht.

Der gesamte Prozess frisst auch für die Angehörigen viel Zeit und Energie auf.

Innerhalb der Familie wird viel Zeit darauf verwendet, Gespräche über die Geschehnisse am Arbeitsplatz zu führen. Unweigerlich zieht es den Angehörigen in den Prozess hinein: von der Adressenrecherche zu professionellen Helfern über die erste Kontaktaufnahme bis zur Begleitung zu den Terminen. Weiterhin unterstützt er den Betroffenen zum Beispiel bei den schriftlichen Aufzeichnungen wie Mobbingtagebuch oder Überprüfung anwaltlicher Schriftstücke. Die Last der Mehrarbeit wird von den übrigen Familienmitgliedern getragen. Dies führt folglich zu Stress- und Überlastungssymptomen, die gesundheitliche Beeinträchtigungen nach sich ziehen können.

Es können auch große finanzielle Belastungen auf die gesamte Familie zukommen. Ist der Partner bereits erkrankt und kann möglicherweise in absehbarer Zeit nicht auf seinen Arbeitsplatz zurückkehren, kommen Folgekosten auf die Familie zu. Hier seien insbesondere Arztbesuche, Medikamente und Reha-Zuzahlungen genannt.

Gleichzeitig schrumpft das Familienbudget, wenn der Partner krankgeschrieben ist und kein Gehalt mehr bekommt, sondern Leistungen vom Arbeitsamt oder der Krankenkasse bezieht. Mit dem drohenden Arbeitsplatzverlust des Partners muss nun möglicherweise der Familienangehörige allein für den Lebensunterhalt aufkommen. Die bereits genannte Mehrbelastung im häuslichen Bereich, die finanziellen Sorgen, belasten den Partner in gleichem Maße wie den Betroffenen. Die extreme andauernde Belastung in all den genannten Bereichen kann langfristig zu gesundheitlichen Beeinträchtigungen führen. Deshalb ist es wichtig, frühzeitig für Entlastung zu sorgen. Andernfalls droht die Partnerschaft und Familie an der starken Belastung zu zerbrechen.

Wie erlebt der Angehörige den Betroffenen?
Die Angehörigen durchleben die extremen Stimmungsschwankungen des Betroffenen mit. Mal lässt der Betroffene seinen Gefühlen freien Lauf, mal zieht er sich zurück.

Der Partner hat das Gefühl, nicht mehr den »Alten« vor sich zu haben. Er kann nur schwer mit den extremen Stimmungsschwankungen umgehen.

Aufgrund der depressiven Phasen wirkt der Betroffene oft teilnahmslos, abwesend und immerzu grübelnd.

Die Angehörigen haben das Gefühl, der Betroffene ist nicht mehr erlebbar. Sie können ihn nicht mehr greifen. Es fühlt sich an, als wäre eine Wand zwischen den beiden: *»Ich kann seine Welt nicht mehr ›be-greifen‹.«*

Die häusliche Mobbing-Spirale aus der Sicht des Betroffenen

Zunächst ist es für den Betroffenen nicht einfach, Hilfe anzunehmen: Er ist an einem Punkt in seinem Leben angekommen, an dem er sich eingestehen muss, den Konflikt nicht mehr allein bewältigen zu können.

Das schmerzt ungemein, denn in unserer Industriegesellschaft reflektieren wir uns oft ausschließlich über den Beruf. Wenn Menschen dann genau an diesem Punkt verletzt werden, bedeutet es für sie einen ungeheuren Schmerz und eine Bankrotterklärung der eigenen Fähigkeiten und Ressourcen. Das Selbstwertgefühl ist stark angeschlagen und irgendwann zerstört.

Leider ist es für den Betroffenen oft nicht möglich, sich die aufgestauten Emotionen dort Luft zu verschaffen, wo der Konflikt eigentlich entstanden ist. Zwangsläufig nimmt er ihn mit nach Hause. Der Druck geht auf den Partner über.

Da auch der Betroffene anfangs von einem üblichen Konflikt ausgeht, wird er möglicherweise versuchen, den Ratschlägen der Angehörigen zu folgen.

Schon bald spürt er, dass diese nicht greifen. Da die Antworten der Angehörigen schnell auf der Persönlichkeitsebene liegen, fühlt sich der Betroffene schwer verletzt. Nun gerät er in den gleichen Teufelskreis wie bei der Arbeit: Er fühlt sich angegriffen, er versucht zu erklären, er muss sich rechtfertigen.

Irgendwann hat er das Gefühl, dass es zwecklos ist, Mobbing und die Geschehnisse zu erklären. Auch er wird wütend und hat das Gefühl, alles dreht sich gegen ihn:

Nicht nur, dass an der Arbeitsstelle alle gegen mich sind, jetzt muss ich mich in der eigenen Familie erklären. Warum nur glaubt mir keiner? Seit Jahren arbeite ich ohne jeglichen Tadel, keiner hatte was zu beanstanden. Jahrelang bin ich leistungsfähig, und jetzt, wo der neue Chef auf mir herumhackt, soll ich der Sündenbock sein? Was soll ich mir denn noch alles von dem gefallen lassen? Was klebt nur an mir, dass ich diesen Fluch nicht mehr loswerde?

Ich möchte doch einfach nur verstanden werden. Ist das so schwer?

Er fühlt sich von der Familie enttäuscht. Gerade Männern fällt es schwer, über dieses Problem zu sprechen, und sie ziehen sich häufig zurück. Gleichzeitig wachsen die Schuldgefühle gegenüber der Familie: Ist die Kraft oftmals schon am Arbeitsplatz komplett verbraucht, ist kaum noch Raum für die Bedürfnisse des Partners.

Er *weiß,* wie hoch die Belastung der Angehörigen ist, den Alltag mit zu gestalten, und leidet unter der eigenen angeschlagenen Leistungsfähigkeit.

Noch schwieriger gestaltet sich die Angelegenheit, wenn Kinder da sind, die sehr wohl spüren, was los ist. Der Betroffene gerät in einen inneren Konflikt, da er für die Familie da sein möchte und es doch nicht schafft. Viele Betroffene schämen sich für ihre extremen Emotionen. Sie wissen, dass der Anlass der Streitereien im Grunde nichts mit dem Partner zu tun hat.

Die Familie versucht nach außen ein normales Leben zu führen, aber im Grunde ist nichts wie vorher.

Wann sollte ich als Partner Unterstützung suchen?

Anhand der folgenden Fragen können Sie feststellen, ob Sie bereits Hilfe benötigen. Nehmen Sie sich ausreichend Zeit, die Fragen zu beantworten. Seien Sie selbstkritisch und gehen Sie gegebenenfalls die Fragen mit einer dritten Person durch:

Fragebogen

Frage	Ständig	Manchmal	Selten
Distanziere ich mich bereits von meinem Partner?			
Habe ich das Gefühl, mit der Situation überfordert zu sein?			
Fühle ich mich häufig hilflos?			
Bin ich aggressiv gegen meinen Partner?			
Bin ich wütend auf ihn?			
Nehmen mich die Konflikte meines Partners komplett ein?			
Kann ich noch abschalten?			
Kann ich noch ein eigenes Leben führen?			
Kann ich noch zu meinem Partner stehen?			

Was kann ich für mich tun?
Zunächst ist es wichtig, sich abzugrenzen. Das gelingt am besten, wenn Sie sich eigene kleine Freiräume schaffen. Tun Sie sich etwas Gutes, indem Sie sich selbst fragen: Was brauche ich heute? Brauche ich Bewegung, möchte ich mich auspowern? Oder brauche ich heute eher Entspannung und Ruhe? Das kann der Ausdauersport sein, ein geliebtes Hobby oder einfach nur der Cappuccino in der Kuschelecke. Gleich, für was Sie sich entscheiden, es darf sich an Ihrer momentanen Stimmung orientieren. Und es sollte Ihnen guttun! Lassen Sie es sich gut gehen und sorgen Sie für sich, indem Sie sich entspannt und wohlfühlen. Nehmen Sie bewusst die kleinen Dinge des Alltags wahr.

Vielleicht haben Sie auch das Bedürfnis, sich eine kleine Auszeit von einem oder mehreren Tagen zu gönnen. Es kann helfen, Distanz zu der Problematik des Partners zu gewinnen und neue Energien zu erhalten.

Seien Sie ehrlich, wenn Ihnen das Thema Mobbing zu viel wird. Ihr Partner spürt, wenn Sie nicht mehr richtig hinhören. Der Umgang mit der ehrlichen Aussage ist für den Betroffenen leichter als das Unaufrichtige erzählen lassen.

Es ist schwer zu akzeptieren, dass nicht immer alle Konflikte lösbar sind. Die beschriebenen Gefühle der Hilflosigkeit, Wut und Ohnmacht auszuhalten und zuzulassen erfordert eine enorme Kraft. Suchen Sie sich Entlastung durch Gespräche mit einem Freund. Ideal wäre es, Gleichgesinnte zu finden und sich gegenseitig auszutauschen und zu unterstützen.

Wie kann ich meinen betroffenen Partner stützen?
Häufig sind es die Frauen, die anrufen und um Hilfe für ihre Männer bitten. Und sie sind es, die den ersten Schritt tun, um eine Veränderung der Situation herbeizuführen.

Als Wegbahnerin für die Hilfesuche ist das prima, Hilfe annehmen muss der Betroffene jedoch selbst. Und das sollte akzeptiert werden. Betrachten Sie Ihre Unterstützung als ein Hilfsangebot an Ihren Partner, aber sehen Sie es nicht als persönliche Zurückweisung an, wenn er Ihre Vorschläge nicht annimmt.

Andernfalls wird noch mehr Druck auf den Betroffenen ausgeübt und er hätte das Gefühl, auch in diesem Punkt versagt zu haben:

Stellen Sie sich vor, Sie wären in einem tollen Restaurant mit einem wunderbaren Büfett: Der Tisch würde sich unter den Speisen biegen und Sie wüssten gar nicht, wo Sie anfangen sollten. Schließlich entscheiden Sie sich für bestimmte Gerichte und sehr wahrscheinlich nach bestimmten Gesichtspunkten: Je nach Hunger, nach Vorlieben, nach Herkunft der Speisen. Manches werden Sie nicht essen, weil Ihnen heute nicht danach ist, oder Sie denken, morgen probiere ich diese Speise aus.

Genauso sollten Sie Ihr Angebot an den Partner sehen: Vielleicht »schmeckt« ihm der Vorschlag, vielleicht kann er es nur heute nicht annehmen, aber er muss es nicht annehmen und er muss schon gar nicht »alles essen«, was ihm geboten wird.

Welche konkrete Hilfe kann ich als Partner geben?

Ich möchte an dieser Stelle auf zwei Fragen der Angehörigen antworten, die ich in der Beratung immer wieder gestellt bekomme:

1. Der Arbeitgeber drängt auf eine (schnelle) Entscheidung

Wer unter Druck steht bzw. Druck von außen bekommt, hat oft nur noch einen Gedanken: so schnell wie möglich der Situation entfliehen. Entweder durch eigene Schritte oder dem Angebot der Gegenseite folgen. Genau das will der Mobber natürlich: Eine schnelle Lösung, die möglichst von der Gegenseite unzureichend durchkalkuliert ist:

Als Partner können Sie den Part übernehmen, das Angebot neutral, vielleicht unter Hinzuziehung einer dritten Person, zu überprüfen. Am besten ist es, einen Rechtsanwalt einzuschalten, der die aktuelle Rechtslage beurteilen kann.

Sorgen Sie dafür, dass Sie beide nicht unter Druck gesetzt werden. Solange der Betroffene in einem Arbeitsverhältnis steht, gibt es keinen Grund, sich nicht ausreichend Zeit zu lassen, das vorgelegte Angebot in Ruhe zu prüfen. Unterstützen Sie Ihren

Partner, nichts zu unterschreiben, was nicht in reiflicher Überlegung gemeinsam geprüft wurde.

Nehmen Sie sich Zeit, Angebote des Arbeitgebers, die in irgendeiner Form die Auflösung des Arbeitsvertrages beinhalten, genau zu überprüfen. Überdenken Sie gemeinsam, was nach der Unterschrift auf Sie zukommt.

Möglicherweise steht innerhalb der Partnerschaft ein Rollenwechsel bevor. Sollte der Partner von der Arbeitslosigkeit betroffen sein, wird die Partnerin den Part der Familienernährerin übernehmen (müssen). Kommt der Mann mit der neuen Rolle klar?

Helfen Sie Ihrem Partner, diese Fragen nicht auf die lange Bank zu schieben. In der Beratung erlebe ich die Klienten oftmals geschockt und sie sagen: Ist es schon so weit mit mir, dass ich darüber nachdenken muss? Dabei ist es nicht meine Intention, zu konfrontieren und zu dem Gedanken zu bringen. Vielmehr denke ich einige Schritte weiter. Ich möchte sie dazu bringen, schon heute darüber nachzudenken, um der Situation gelassener entgegenzusehen, wenn es dazu kommen sollte.

In Ruhe darüber zu sprechen, nimmt den Druck für beide Seiten und erhöht die Sicherheit, eine für alle Seiten gute Lösung zu finden.

2. Was mache ich als Angehöriger, wenn der Chef zu Hause anruft?

Sollte der Arbeitgeber anrufen und einen Angehörigen am Telefon haben:

Chefs sind oft sehr geschickt darin, ihr Gegenüber in ein Gespräch zu verwickeln, obwohl dies gar nicht gewünscht ist.

Wie auch immer Sie sich in diesem Fall fühlen und was Sie mit Ihrem Gegenüber am Telefon am liebsten tun würden. Halten Sie sich bedeckt! Gehen Sie dem Gespräch weitestgehend aus dem Weg und bleiben Sie freundlich und ruhig.

Bedenken Sie, dass das Gespräch von der Gegenseite notiert wird, möglicherweise wird das Telefon sogar ohne Ihre Zustimmung und Mitwissen laut gestellt.

Antworten Sie zum Beispiel:

»Mein Partner ruft Sie zurück« oder »Ich habe leider gerade keine Zeit und muss einen dringenden Termin wahrnehmen.«

Machen Sie sich Notizen: Wann kam der Anruf, mit wem haben Sie gesprochen? Machen Sie sich Notizen zum Inhalt des Gespräches. Halten Sie auch Ihre Emotionen fest: Wie haben Sie sich bei dem Gespräch gefühlt? Kam Ihnen irgendetwas komisch/anders vor? Gibt es Zeugen im Raum? Wenn ja, wer? Haben Sie mit einer oder mehreren Personen gesprochen? Zum Beispiel zuerst mit der Sekretärin, die Sie verbunden hat?

Wenn Sie wissen, dass Sie diesem Gespräch als Partner nicht standhalten können oder Kinder ans Telefon gehen: Vereinbaren Sie, dass die Gespräche erst auf den Anrufbeantworter gehen und abgehört werden. Sollten Sie keinen Anrufbeantworter haben, versuchen Sie, nur in dringenden Fällen eines Rückrufes an den Apparat zu gehen. Sollte es gar nicht vermeidbar sein: Legen Sie sich einen Zettel zurecht mit höchstens 2–3 Sätzen, die Sie sagen wollen, und bleiben Sie dabei. Stellen Sie sich vor, Sie seien eine »alte Schallplatte«, die einen Kratzer hat und immer wieder an der gleichen Stelle hängen bleibt.

Wie kann ich für den Partner sorgen?

Seien Sie Zeitwächter: Nehmen Sie sich eine bewusste Zeit zuzuhören, aber geben Sie ein klares Signal, wenn es Ihnen zu viel wird, und sagen Sie: »Stopp.« Verdeutlichen Sie Ihrem Partner, dass der Konflikt z.B. 1 Stunde Belastung bedeutet, zum Beispiel, wenn der Betroffene zu Hause von der Arbeit erzählt, aber 23 Stunden »Leben« möglich sind.

In einer Krisensituation neigt der Betroffene dazu, alles um sich herum negativ zu bewerten. Er neigt zu Verallgemeinerung und Übertreibungen. Alles, was dann tatsächlich an vermeintlich Negativem geschieht, wird als Bestätigung gewertet und häufig auch nicht mehr auf die Richtigkeit überprüft. »*Der Meier von nebenan kam sonst immer mal zu einem Gläschen Wein rüber. Na ja, seit dem Mobbing will er halt von uns auch nichts mehr wissen.*«

Zeigen Sie Ihrem Partner immer wieder auf, wie *leistungsfähig* er trotz dieser schwierigen Lage ist: Wie er sich um die Kinder bemüht, dass er im Haushalt mithilft, dass er Interesse für den Garten, für seine Hobbys zeigt. Loben Sie ihn für jeden Schritt, den er nach vorne geht und sich nicht zurückzieht.

Ermuntern Sie ihn, Freundschaften zu pflegen und Kontakte zu halten. Der Small Talk mit dem Nachbarn kann schon ein riesengroßer Schritt nach vorne bedeuten.

Sie kennen seine *Stärken und liebenswerten Seiten.* Zeigen Sie diese deutlich auf. Die erste Frage im unten stehenden Arbeitskasten hilft Ihnen, sich die Antworten zu notieren.

In der Krisensituation wird oft gegrübelt. Geben Sie Hoffnung, zeigen Sie auf, dass jeder aktive Schritt hilft, die Krisen zu meistern. Zeigen Sie auf, was Ihr Partner schon alles an Krisensituationen in seinem Leben gemeistert hat. Unterstützen Sie ihn, offen für neue Lösungen zu sein und an eine neue Zukunft zu glauben. Malen Sie sich immer wieder gemeinsam mit allen Details aus, wie die Zukunft aussehen wird, wenn der Konflikt überstanden ist.

Hören Sie ihm zu, nehmen Sie an seiner inneren Welt teil, aber werten Sie nicht.

Geben Sie möglichst wenig Ratschläge. Wenn Sie eine Idee haben, dann denken Sie an das obige Beispiel des Büfetts.

Zeigen Sie, dass es noch eine *andere, schönere Welt* gibt. Doch bitte übertreiben Sie nicht, drängen Sie nicht. Es reicht, wenn Sie es tun oder wenn Sie eine Bemerkung machen, wie schön es doch ist, da langsam Frühling wird und sich die ersten Schneeglöckchen schon gezeigt haben. Seien Sie aber nicht enttäuscht, wenn keine Reaktion kommt. Wagen Sie zu einem anderen Zeitpunkt einen erneuten Start. Seien Sie sich bewusst, dass er sich heute nicht freuen kann, vielleicht morgen oder nächste Woche. Sonst hätte der Betroffene noch mehr Druck- und Versagensgefühle stellen sich ein.

Erleben Sie die übrige Zeit sehr bewusst und sorgen Sie gemeinsam für sich. Wie haben Sie sich sonst gemeinsam erholt? Was hat Ihnen beiden Spaß gemacht?

Wo haben Sie Ihren Partner als besonders liebevoll, fröhlich und ausgeglichen erlebt?

Gehen Sie in Urlaub, vielleicht an genau diesen Ort.

Wenn Ihr Partner gedanklich abdriftet, geben Sie ihm Halt und Sicherheit mit der Übung auf Seite 89 »Anker«.

Und ganz wichtig: Sehen Sie alle Aktivitäten unter dem Gesichtspunkt, dass Sie sich jetzt eine Belohnung verdient haben.

Genießen Sie Ihre gemeinsame Freizeit in vollen Zügen und fühlen Sie sich »wie die Made im Speck«. Sie dürfen ruhig stolz auf sich sein: »*Was wir gerade gemeinsam durchstehen, soll uns erst mal einer nachmachen.*«

Für Ihren Partner ist es in einer depressiven Phase schwer, aktiv zu werden und für sich zu sorgen. Geben Sie Halt und Stütze. Planen Sie gemeinsam Tagsaktivitäten und kleine Rituale. Freuen Sie sich, wenn die Aufgaben erledigt wurden. So können Sie auf die Erfolge Ihres Partners hinweisen.

Blicken Sie gemeinsam in die Zukunft: Die unten stehenden Fragen können Ihnen helfen, aus der jetzigen Krisensituation in eine lohnende Zukunft zu blicken.

Verlieren Sie bei allen Aktivitäten nicht den kritischen Blick nach innen: Kann ich all die Belastungen (noch) tragen? Will ich sie tragen? Wo sind meine eigenen Belastungsgrenzen?

Bleiben Sie sich stets selbst treu. Notfalls kann ein Gespräch mit einer neutralen Person oder einer Beratungsstelle hilfreichen Aufschluss geben. Auch eine kleine Auszeit kann helfen, die richtige Antwort zu finden. Die Partnerschaft aus Mitleid oder Schuldgefühlen aufrechtzuerhalten (»ich kann ihn doch jetzt nicht verlassen«) ist für beide Seiten wenig hilfreich.

Und zu guter Letzt: Es gibt Krisen, bei denen der Angehörige nicht helfen kann.

Das bedeutet, das Gefühl der Hilflosigkeit in gewissem Umfang akzeptieren zu lernen.

Es ist nicht immer leicht, aber wichtig zu verstehen, dass sich der Partner in einem emotionalen Ausnahmezustand befindet. Das sollten Sie möglichst wertfrei akzeptieren können.

- Was liebe ich/was mag ich an meiner Partnerin?

- Wo liegen meine Stärken?

- Welche von meinen Stärken kann ich nutzen, um meinen Partner in der Phase zu stützen?

- Wo will ich ihn unterstützen?

- Wo sind meine Grenzen?

- Wie sorge ich für mich?

- Was tue ich, um zu entspannen?

- Bitten Sie den Berater, ob Sie einmal bei der Beratung dabei sein dürfen.
  Sagen Sie ihm, warum Sie es wünschen. Akzeptieren Sie aber auch, wenn der Berater dies ablehnt.

Gemeinsame Fragen:

- Wie haben wir bisher Schwierigkeiten gemeistert?

___

___

___

- Was hat uns geholfen?

___

___

___

- Was hat uns auf keinen Fall geholfen?

___

___

___

- Was werden wir heute gemeinsam unternehmen, damit es uns gut geht?

___

___

___

- Welche gemeinsamen Ziele für die Zukunft haben wir?

___

___

___

- Was soll passieren, wenn wir diesen Konflikt beendet haben?

___

___

___

- Was soll auf keinen Fall passieren, wenn der Konflikt beendet ist?

- Wie sehen wir uns nach diesem Konflikt?

- Was hat uns gestärkt? Was hat uns geschwächt?

- Welche neuen Ressourcen hat unsere Ehe?

- Was haben wir aus unseren Fehlern gelernt?

- Woran können wir festmachen, dass es jetzt besser läuft?

4 Hilfe im professionellen Umfeld

Es gibt verschiedene Möglichkeiten der Hilfe im professionellen Umfeld. Wann sollte man professionelle Hilfe annehmen? Grundsätzlich so früh wie möglich.

Wenn sich bei Mobbing-Betroffenen das Gefühl einstellt, ich komme nicht mehr mit der Situation klar, sie wächst mir buchstäblich über den Kopf. Wenn ich körperliche Symptome spüre wie etwa Kopfschmerzen, Magendrücken, Schlaflosigkeit usw. Die verschiedenen Hilfsmöglichkeiten möchte ich im Folgenden näher erläutern.

4.1 Selbsthilfegruppe

»Das Tun des einen ist immer das Tun des anderen«

(Helm Stierlin)

Welches der Angebote für Sie am besten passt, hängt letztendlich auch von Ihren bisherigen Erfahrungen, Ressourcen (Fähigkeiten/Stärken) und der Persönlichkeit ab und auch davon, welche Schritte Sie bisher unternommen haben, welche Ziele Sie anstreben und in welcher beruflichen Position Sie sich jetzt befinden.

Ich nehme mir am Telefon immer die Zeit herauszuhören, ob der Wunsch nach einer Selbsthilfegruppe für den Betroffenen in seiner jetzigen Situation Sinn macht, und erläutere ggf. die jeweiligen Chancen und Grenzen der Angebote.

Vorteile der Gruppenarbeit

Was ist eine Selbsthilfegruppe?

Selbsthilfegruppen dienen dem, was ihr Name schon ausdrückt: sich selbst innerhalb der Gruppe zu helfen und zu erfahren. Dies bedeutet, sich in Beziehungen zu den anderen Gruppenmitgliedern zu erleben. Selbsthilfegruppen arbeiten in der Regel unentgeltlich oder gegen eine kleine Aufwandsentschädigung. Manchmal werden die Gruppen von Krankenkassen oder freien Trägern bezuschusst. In einer Selbsthilfegruppe gibt es keinen Gruppenleiter, die Gruppe organisiert sich selbst und lebt aus und mit den betroffenen Teilnehmern an den jeweiligen Abenden. Es gibt eine ganze Reihe von Gründen, die für die Gruppenarbeit sprechen. Einige seien hier aufgeführt, ohne den Anspruch auf Vollständigkeit zu erheben:

- Sie haben die Möglichkeit, sich regelmäßig über Ihre alltäglichen Probleme zum Thema Stress, Konflikt und Mobbing auszutauschen.
- Das gegenseitige Sich-Annehmen und Verständnis der Gruppenmitglieder untereinander gibt Kraft und Bedeutung für den Betroffenen.
- Freundschaften können entstehen, der einzelne Teilnehmer kann dadurch auch, unabhängig von den GruppenteilnehmerInnen, Hilfe und Unterstützung erfahren.
- Es fühlt sich in der Arbeit anders an zu wissen, dass ich Unterstützung habe und nicht allein bin. Das ist ein ganz wichtiger, nicht zu unterschätzender Aspekt.
- Dies gilt besonders für die erlebten Emotionen, für die sich oft kein geeigneter Raum findet, sie mitteilen zu können.
- Gruppengespräche sind das Mittel der Wahl zur Prävention: Wenn ich mir nicht sicher bin oder ich mich in einem Konflikt oder bereits in der Mobbingphase befinde, kann der Besuch einer Gruppe hilfreiche Aufschlüsse geben.
- Sich gegenseitig zu unterstützen, bedeutet und fördert die Selbstachtung:

Es ist hilfreich, mich nicht immer als ganz »hilflos« zu erleben.

- Sich gegenseitig zu unterstützen, kann eine andere Sichtweise auf die eigene Betroffenheit eröffnen.
- In der Gruppe erhalten Sie wertvolle Adressen von Rechtsanwälten, Ärzten, Reha-Kliniken etc., spezialisierten Therapeuten.
- Die Erfahrungen aus dem Gruppenerleben können sich positiv in den beruflichen Bereichen auswirken.
- Ein Sachverhalt kann von vielen verschiedenen Seiten beleuchtet werden.
- Allein das Gespräch mit anderen kann hilfreich sein. Dazu gehört auch das bloße Zuhören, gerade wenn es schwerfällt, das eigene Erlebte in Worte zu fassen
- Die Gruppenberatung ist kostengünstig.

Doch Gruppenarbeit hat auch Grenzen. Auch hier seien nur einige Punkte aufgeführt:

- Sie ersetzt keine Gruppenpsychotherapie und keine Einzeltherapie.
- Gruppenerfahrungen können bisweilen nur ein geringeres Ausmaß an persönlicher Beziehung bieten, als dies in einer Zweiersituation zu erfahren ist.
- Nicht wenige tun sich in der Gruppe mit dem Handeln und Sprechen, insbesondere über Persönliches, schwerer als in Einzelsitzungen.
- Der in der Gruppe erreichte Fortschritt hält oft nicht in diesem Ausmaß über die Gruppe hinaus an wie erhofft und gewünscht, da er kein Ersatz für eine therapeutische Arbeit ist.
- Je nach Größe der Gruppe bleibt nur ein zeitlich begrenzter Raum, um seine eigene Problemlage darzustellen.
- Oft ist aber der Gesprächsbedarf wesentlich höher.

Ein weiterer wichtiger Aspekt, der auch oft als ein Nachteil erlebt wird, ist: Die Gruppe kann keine Zeugen- bzw. dokumentarische Hilfe vor Ort leisten.

Was ist der Unterschied zwischen einer Selbsthilfegruppe und einer geleiteten Gruppe?

Was ist eine geleitete Selbsthilfegruppe?
In einer geleiteten Selbsthilfegruppe wird die Gruppe von einem Gruppenleiter begleitet. Dieser kann auch thematische Vorgaben zu den Abenden vorbereiten. Die Moderation erfolgt durch den Gruppenleiter. Die Leitung kann von einer Fachperson übernommen werden.

Einzelarbeit und/oder Gruppenarbeit?
Zunächst sollten Sie sicherstellen, dass das Arbeiten in der Gruppe für Sie ein geeigneter Rahmen ist. Falls Ihnen Gruppen Angst machen oder Sie einen hohen Gesprächsbedarf spüren, sollten Sie davon Abstand nehmen. Einzelarbeit macht mehr Sinn, wenn sich der Betroffene intensiver mit seinen verschiedenen Seiten auseinandersetzen will. Sie werden dies als Betroffener bereits festgestellt haben.

Allerdings können Erfahrungen, die in der Gruppe gemacht werden, in der Zweierarbeit reflektiert werden. Ebenso können neue Verhaltensweisen ausprobiert werden.

Meine Empfehlung
Nehmen Sie neben der Gruppenarbeit die Beratung in Anspruch. Hier können in Ruhe tiefer liegende Probleme umfassender erarbeitet werden. Lösungen werden exakt auf Sie und Ihre persönliche Situation zugeschnitten und umgesetzt.

Zudem haben Sie den Vorteil, dass Sie eine rechtzeitige professionelle Unterstützung erhalten, die auch dokumentarisch festgehalten wird, um Aussagen Ihres Arbeitgebers entkräften zu können und eine gerichtliche Auseinandersetzung im Vorfeld abzuwehren. Die Gruppe kann Ihnen eine langfristige Begleitung und damit Unterstützung im Alltag sichern.

Manche Betroffene wollen zunächst eine Gruppenberatung in Anspruch nehmen, da ihnen die Hemmschwelle »Beratung« zu hoch ist. Oftmals liegen keine Erfahrungen einer Beratung und/oder Therapie vor.

Sprechen Sie Ihren Berater/Therapeuten an, welches Angebot für Ihre momentane Situation am sinnvollsten ist.

Gerne hilft Ihnen in dieser Frage auch das Netzwerk der Mobbing-Selbsthilfegruppen weiter. Sprechen Sie uns an.

Quelle (auszugsweise): «Personzentrierte Gruppenpsychotherapie in der Praxis / Die Kunst der Begegnung« von Peter F. Schmid und: Info-Mappe des Netzwerks der Mobbing-Selbsthilfegruppen in Deutschland.

4.2 Beratung

Der Klient arbeitet überwiegend an einem konkreten Thema, dessen Ursprung privater wie beruflicher Natur sein kann. Dabei gibt es keinen zeitlich vorgegebenen Rahmen. Vielmehr unterstützt der Berater den Klienten, sein Ziel zu formulieren, zu bestimmen und die einzelnen Schritte zu verwirklichen. Häufig entscheidet der Klient über das Ende der Beratung. Beratung ist kostenpflichtig, im Gegenzug ist der Berater Dritten gegenüber nicht auskunftspflichtig und erhält keine Vorgaben. Alle Informationen bleiben zwischen dem Ratsuchenden und dem Berater.

Beratung bei Mobbing

Der Berater hat sich fachspezifische Kenntnisse über Mobbing und deren Lösungsmöglichkeiten angeeignet. Er unterstützt ihn, weitere professionelle Unterstützungspartner zu finden, um mit der konkreten Situation am Arbeitsplatz fertig zu werden.

Der Berater arbeitet überwiegend ganzheitlich. Das heißt, dass neben den Fragen am Arbeitsplatz auch der private Bereich einbezogen wird. Dazu zählen die Einbeziehung von Familie und Freunden und Möglichkeiten der Entspannung.

Ich begleite darüber hinaus meine Klienten auch zu schwierigen Gesprächssituationen. Dazu zählt neben der Gesprächsteilnahme beim Arbeitgeber die Unterstützung beim Arzt, beim Gutachter oder zu allen Terminen, die der Klient wünscht und es auch für beide Seiten sinnvoll erscheint.

Viele Gemobbte haben Angst, die Korrespondenz des Arbeitgebers zu öffnen und sich mit den verletzenden Vorwürfen auseinanderzusetzen. Der Berater hilft in diesem Fall, die gesamte Korrespondenz zu übernehmen. Die ankommende Post wird gemeinsam besprochen, Gefühle wie Hilflosigkeit kommen erst gar nicht auf, da die Auswirkungen der Briefe und die weiteren Handlungsmöglichkeiten direkt besprochen werden. Der Gemobbte kann damit für seine eigene Entlastung sorgen und sich auf die Arbeit und die Geschehnisse auf seinem Arbeitsplatz vor Ort konzentrieren.

Sobald sich der Arbeitgeber schriftlich gegenüber dem Berater äußern muss, wird dem Mobbing bereits die Spitze genommen. Da die Kritik meist unsachlich und emotional abläuft, kann das Mobbing hierdurch bereits eingegrenzt werden. Gemobbte unterschätzen häufig, wie unangenehm es dem Arbeitgeber ist, wenn Dritte von ihrem unsozialen Verhalten Kenntnis erhalten. Muss er sich dann noch schriftlich – und insbesondere sachlich – zu den Missständen äußern, dann wird dem bisherigen unverschämten Ton die Schärfe genommen. Schließlich muss er damit rechnen, dass der involvierte Berater vor Gericht als Zeuge auftritt.

Viele Klienten berichten in diesem Zusammenhang von der Angst, dass sich das Mobbing bei Einschaltung eines Beraters in seinem Konflikt gegen ihn verschärft. Ich kann aufgrund meiner langjährigen Praxis sagen, dass dies bisher nicht geschehen ist.

Sollte der Arbeitgeber zunächst versuchen, den Druck gegen den Gemobbten zu erhöhen, stehen dem Berater weitere Möglichkeiten offen, das Mobbing zunächst einzudämmen, um es in den anschließenden Schritten zu lösen.

Es lohnt sich, zunächst den Berater einzuschalten, bevor Sie einen Rechtsanwalt involvieren. Viele Arbeitgeber sind nicht mehr für eine konstruktive Mitarbeit zugänglich, wenn sie das Wort »Rechtsanwalt« hören oder ihnen gar damit gedroht wird. Auch wenn es verständlich ist, dass viele vor Wut am liebsten genau das tun würden: Das eigentliche Ziel, nämlich das Mobbing deeskalierend zu beenden, wird so möglicherweise nicht erreicht.

Ein professioneller Berater kann hier im Auftrag des Klienten in aller Regel flexibler agieren und kann so möglicherweise zu einer einvernehmlichen Klärung zwischen beiden Konfliktparteien beitragen.

Da der Berater kein geschützter Beruf ist, kann auch jeder jederzeit diesen Beruf ergreifen. Und wie in jedem Beruf gibt es auch die »schwarzen Schafe«.

Die Zahl der von Mobbing-Betroffenen steigt stetig, und entsprechend ist der Beratungsbedarf gestiegen. Da lohnt es sich für manche Berater, mal schnell unter sein sonstiges Beratungsangebot »Mobbingberatung« zu ergänzen gemäß dem Motto: »*Der eine oder andere Betroffene wird schon anbeißen.*«

Damit ist aber noch lange nicht gesagt, dass fachspezifische Kenntnisse über die ablaufenden Prozesse vorhanden sind. Wer Mobbingberatung anbietet, benötigt neben dem Know-how ein extrem gutes Einfühlungsvermögen, eine außerordentliche Belastbarkeit und ein hohes Maß an Kreativität, vor allem muss auch die Bereitschaft zur intensiven Begleitung vorhanden sein.

Im Anschluss finden Sie einige Anhaltspunkte, die Ihnen helfen herauszufinden, ob es sich um eine professionelle Beratung handelt. (Gilt auch für Coaching.)

Welche Erfahrung/Ausbildung bringt der Berater mit?

Ist er einem Berufsverband angeschlossen?

Berufsverbände bieten die Möglichkeit, dass Sie sich als Klient bei Auseinandersetzungen mit Ihrem Berater an seinen Verband wenden können und dort Hilfe und Unterstützung erhalten, um Ihre Rechte durchzusetzen.

Seriöse Berater legen Wert darauf, einem entsprechenden Verband anzugehören.

Nimmt er regelmäßig an der Supervision teil?

Wer selbst an einer Supervision teilnimmt, ist auch bereit, sich mit sich selbst kritisch auseinanderzusetzen und sich Fehler einzugestehen.

Mobbingberatung ist »*kein Job, den man mal so eben mitmacht, weil sich da gut und schnell Geld verdienen lässt*«. Mobbingberatung ist zeitintensiv und es braucht einen langen

Atem und eine sehr enge und intensive Zusammenarbeit zwischen Klient und Berater. Das Ergebnis kann sich dann aber auch wirklich sehen lassen und wirkt nachhaltig.

Spricht der Berater zu Beginn oder während der ersten Stunden von Ihren »sogenannten Eigenanteilen«?

Wird Ihnen Glauben geschenkt, oder kommen sowohl kritische Fragen als auch zweifelnde Untertöne, ob Sie nicht doch an allem »schuld seien«?

In beiden Fällen sollten Sie schleunigst Abstand nehmen und sich vor weiteren Verletzungen schützen.

Wie lange dauert eine Beratungsstunde? Angeboten werden 45, 50 oder 60 Minuten – oder mehr?

Rechnen Sie damit, dass eine fundierte Beratung mit einem konkreten Ergebnis nicht in 45 bzw. 50 Minuten zu erreichen ist. Ein reines Gespräch entlastet zunächst, doch Sie dürfen ruhig nach der ersten Beratungsstunde erwarten, dass der Berater Ihnen entweder konkret mitteilt, wie es weitergeht, oder Sie erarbeiten bereits erste Ergebnisse. Spätestens nach der Erstberatung sollte Ihr Berater in der Lage sein, Ihnen zu helfen. Auch müssen brennende Fragen wie z. B. »Was sage ich morgen im Gespräch bei meinem Chef?« befriedigend beantwortet sein.

Nehmen Sie Abstand von Beratern, die behaupten, sie bräuchten ein bestimmtes Kontingent an Beratungsstunden, um Ihnen überhaupt weiterhelfen zu können.

Die Vermutung liegt nur allzu nahe, dass der Berater unsicher ist und Ihnen erst mal das Geld aus der Tasche ziehen will – um im schlimmsten Fall zu dem Schluss zu kommen, dass »da in dem Fall nichts zu machen sei«!

Mit den üblichen Konfliktmethoden (Gespräch, Rollenspiele etc.) kann die Beratung schnell am Ende sein – und der Berater zieht sich zurück oder überträgt seine Hilflosigkeit auf Sie, indem er Sie für den Konfliktverlauf verantwortlich macht.

Fragen Sie deshalb nach, ob der Berater auch bereit ist, sich aktiv in den Prozess am Arbeitsplatz einzubringen, falls dies erforderlich ist oder noch erforderlich werden könnte.

- Können Sie Ihren Berater in dringenden Fällen auch außerhalb der vereinbarten Beratungsstunden erreichen, oder erhalten Sie Beratungsstunden zu festgelegten, unveränderbaren Zeiten?
- Kann der Berater damit umgehen, dass es gerade zu Beginn viele Fragen gibt und er gerne und geduldig Rede und Antwort steht und bittet er Sie sogar um eine enge Zusammenarbeit nach dem Motto: »Lieber einmal zu viel als zu wenig fragen«?
- Kann der Berater damit umgehen, dass der Prozess auch über eine längere Zeit gehen kann, oder wird er ungeduldig?
- Drängt er nach einer gewissen Zeit darauf, den Prozess zu beenden, obwohl Ihr Ziel ist, den Arbeitsplatz zu erhalten und auch darum zu kämpfen?
- Hören Sie auf Ihr eigenes »Bauchgefühl«, wenn Sie sich unwohl fühlen oder meinen, da stimmt was nicht, dann beenden Sie die Beratung.

4.3 Coaching

Der Begriff kommt aus dem Sport und bedeutete ursprünglich »Trainer und Betreuer eines Sportlers«. Später wurde der Begriff allgemein auf den beruflichen Kontext übertragen.

Der Begriff findet überwiegend bei Führungskräften und im Management Anwendung.

Coaching arbeitet zielorientiert, das heißt, im Coaching werden zu Beginn der Sitzungen klare Ziele definiert.

Coaching bei Mobbing

Coaching im Mobbing kann eine Lösung für die Erarbeitung von zielgerichteten Lösungswegen darstellen. Dies kann sowohl die Umgangsweise des Gemobbten innerhalb der Abteilung betreffen wie auch Arbeitsstrategien im Arbeitsalltag. Voraussetzung hierfür ist, dass die ersten Anzeichen von Mobbing im Umfeld des Betroffenen noch nicht überschritten sind (vgl. hierzu S. 41ff.,

Stufen nach Leymann). Hier kann eine Lösungsorientierung für beide Seiten erarbeitet werden, da eine Verhärtung der Beziehungsstrukturen und der Umgangsweisen miteinander, noch nicht stattgefunden hat. So liegt eine klassische Rollenaufteilung in Täter und Opfer noch nicht vor.

Das Coaching kann wie die Supervision als eine Methode innerhalb von Teams seitens des Arbeitgebers eingerichtet werden. Auch ein Einzelcoaching ist möglich.

4.4 Supervision

Die Supervision orientiert sich am konkreten beruflichen Problem. Sie wird in Organisationen und als Einzelberatung angewandt. Die Teilnahme kann als Pflichtvoraussetzung vom Arbeitgeber erwartet werden und wird von diesem auch eingefordert. Der Fokus liegt häufig auf Prozessen und Strukturen innerhalb der Organisation und dem Umgang der Mitarbeiter untereinander. Sie geht dabei von der »lernenden Organisation« aus. Oftmals geht es mit Wissensvermittlung und Umsetzung des Wissens einher.

Es geht um die Selbsterfahrung der Person im Berufsfeld und die Rollenklärung.

Das professionelle Handeln in Bezug auf die institutionellen Rahmenbedingungen wird erläutert. Häufig wird mit dem Kostenträger, in der Regel ist dies der Arbeitgeber, eine Teilnahme vertraglich geregelt. Es gibt Einzelsupervision, die gewöhnlich Berater oder im sozialen Umfeld tätige Personen wahrnehmen.

Daneben gibt es die Team-Supervision. Wenn innerhalb eines Teams nicht mehr lösbare Konflikte auftreten, wird oft ein Supervisor von der Führung beauftragt, den Konflikt zu lösen und das Team wieder arbeitsfähig zu machen. Die Leitung des Teams wird in diesen Prozess mit einbezogen.

Konkrete Anwendung bei Mobbing
Supervision ist eine gute Möglichkeit, um Mobbing vorzubeugen, sie kann helfen, Teamkonflikte frühzeitig zu erkennen, Lösungsstrategien zu entwickeln und die Arbeitsfähigkeit des Teams zu erhalten. So kann einer Mobbingsituation offen und aktiv vorgebeugt werden.

Sollte innerhalb eines Teams Mobbing entstanden sein, so kann mithilfe der professionellen Unterstützung des Supervisors die Beziehungsebene geklärt und so der Mobbingkonflikt beseitigt werden.

4.5 Psychotherapie

Psychotherapeuten arbeiten an einem konkreten Krankheitsbild. Dazu können emotionale wie auch körperliche Störungen der Auslöser sein. Gerade bei Mobbing kommt es neben den heftigen Konflikten am Arbeitsplatz zu weiteren Problematiken, z. B. Ehe- oder Familienprobleme, die dann durch den Konflikt neu aufbrechen können. Auch tiefer liegende oder länger zurückliegende Probleme können bei Mobbing zusätzlich belasten. Bei einem Problem hat man oft das Gefühl, man bleibt wie die gute alte Schallplatte »hängen« und weiß nicht weiter. Psychotherapeutinnen und Psychotherapeuten unterstützen ihre Klienten dabei, eigene Lösungen für ihr Problem zu finden.

Bei Mobbing kann die Therapie eine gute und sinnvolle Unterstützung darstellen, um sich langfristig zu stabilisieren. In meiner Beratung erlebe ich Klienten, die zusätzlich Psychotherapie in Anspruch nehmen als gute Ergänzung: Während ich mich mit meinen Klienten auf die Ereignisse vor Ort konzentriere, weiß ich, dass die emotionale Verarbeitung der Geschehnisse in der Therapie genügend Raum findet. Dabei spreche ich sehr genau mit den Klienten ab, welche Themen bei mir und welche in der Therapie bearbeitet werden.

Wenn Sie sich für eine Therapie entscheiden, haben Sie die Wahl, einen Therapeuten aufzusuchen, der über die Krankenkasse abrechnen kann, oder als Selbstzahler die Therapie zu finanzieren.

Bei kassenärztlich zugelassenen Therapeuten gibt es zur Zeit drei verschiedene Therapierichtungen: die Verhaltenstherapie, die Psychoanalyse und die tiefenpsychologische Psychotherapie. Bevor Sie einen Therapeuten kontaktieren, sollten Sie daher vorher fragen, welche Therapieform der Therapeut anbietet. Bei Mobbing-Klienten hat sich die Verhaltenstherapie in aller Regel am besten bewährt. Der Umfang der Therapiesitzungen hängt von der gewählten Therapierichtung ab und ist von der Krankenkasse vorgegeben. Ihr Therapeut wird dies zu Beginn der Therapie mit Ihnen besprechen.

Meist wird die Therapie über Krankenkassenabrechnung aus wirtschaftlichen Gründen vorgezogen. Dies ist verständlich und nachvollziehbar. Häufig werden jedoch wichtige Aspekte übersehen, über die Sie selten im Vorfeld aufgeklärt werden und später zu erheblichen Nachteilen führen können.

Klartext

Ein frühzeitiger Abbruch der Therapie ist in aller Regel problematisch und führt im ungünstigsten Fall zu einer 2-jährigen Sperrfrist seitens der Krankenkasse. Kassenärztlich zugelassene Therapien sind aktenkundig. Das heißt, Sie müssen Ihre Therapie bei der Beantragung einer Versicherung angeben. Dies kann von entscheidender Bedeutung sein, wenn Sie aufgrund des Mobbings am Arbeitsplatz aus Ihrem Arbeitsverhältnis aussteigen und sich selbstständig machen. Bei Abschluss z.B. einer privaten Berufshaftpflichtversicherung müssen Sie die Therapie angeben und werden von vorneherein von der Versicherungsleistung ausgeschlossen. Das kann tragische Konsequenzen nach sich ziehen. Im Falle einer eintretenden Berufsunfähigkeit während der Selbstständigkeit, z.B. durch einen schweren Unfall, sind Sie dann finanziell nicht abgesichert. Dabei spielt es leider keine Rolle, dass Sie eine Therapie in Anspruch genommen haben, weil Ihnen andere Menschen Leid zugefügt haben.

Bei privat zugelassenen Therapeuten haben Sie vielfältige Möglichkeiten der Therapiewahl wie die Gesprächspsychotherapie, die Gestalttherapie, die systemische Therapie u. v. m. Die Kosten müssen in aller Regel aus eigener Tasche gezahlt werden. Dafür steht es Ihnen jederzeit frei, die Therapie aus eigenem Wunsch zu beenden. Die Diagnose – sofern überhaupt eine gestellt wird – und der Therapieverlauf gelangen nicht in die Hände Dritter und können somit nicht missbraucht werden.

Grenzen der Therapie

Viele Klienten erwarten, dass der Therapeut das konkrete Problem vor Ort am Arbeitsplatz mit Ihnen erläutert und eine Lösung erarbeitet. Dies ist häufig nicht der Fall. Daher kommt es oftmals zu großen Missverständnissen zwischen Therapeuten und Klienten. Klären Sie vorher ab, wie der Therapeut arbeitet und ob die Therapie Ihren Zielen und Wünschen tatsächlich entspricht. Lassen Sie sich dabei nicht mit vagen Äußerungen abspeisen wie:

»*Das müssen wir mal sehen; das kommt dann schon; da müssen wir erst mal in die Problematik tiefer einsteigen; das kann ich zum jetzigen Zeitpunkt noch nicht sagen.*«

Wägen Sie daher in aller Ruhe alle Vor- und Nachteile genau ab, bevor Sie sich endgültig entscheiden. Klären Sie offen Ihre Ziele und Wünsche vor Beginn der Therapie ab.

Letztlich ist bei der Wahl des Therapeuten sowie der Therapierichtung ausschlaggebend, dass »die Chemie« zwischen Ihnen und Ihrem Therapeuten stimmt.

4.6 Mediation

Die Mediation ist in der Öffentlichkeit noch nicht so bekannt. Großen Unternehmen ist dieser Schlichtungsweg bereits vertraut, und dieses Instrument wird auch häufig eingesetzt.

Was ist Mediation überhaupt? Laut Lexikon bedeutet es: »Vermittlung, vermittelndes Dazwischentreten«.

Mediation geschieht auf freiwilliger Basis. Der Mediator ist neutral und unparteiisch, der Mediator gibt keine Lösungen vor, sondern vermittelt so lange zwischen den beiden Konfliktparteien, bis eine Einigung gefunden ist. Die Kosten werden in der Regel geteilt. Der Mediator sorgt dafür, dass sich beide Parteien wieder annähern.

In der Mediation finden Interessen und emotionale Faktoren im Einigungsverfahren ausreichend Berücksichtigung.

Sie verläuft nach der sogenannten »Win-Win-Strategie«. Beide Seiten sollen gewinnen; keiner fühlt sich als Verlierer, keine Seite verliert das Gesicht.

Das Arbeitsverhältnis bleibt bestehen. Die Erarbeitung der Lösung ist nachhaltiger, da sich keine Partei übergangen fühlt. Die Konfliktpartner können den Prozess und die Lösungsaussichten aktiv mitgestalten. Bei Urteilen oder Lösungsangeboten seitens Dritter fühlt man sich passiver und hilfloser. 80 % der Mediationen enden mit einer Einigung. Die Einigungspunkte werden vertraglich festgehalten. Notarielle Beurkundungen und eine Vollstreckungsklausel sorgen dafür, dass sie den gleichen Wert wie ein gerichtliches Urteil haben. Mediation kann Kosten, Zeit und Nerven sparen.

Die Einigung wird häufig im kirchlich-sozialen Bereich angewendet, da diese Organisationen großes Interesse daran haben, dass die Vorfälle nicht an die Öffentlichkeit getragen werden. Schließlich verliert sie an Glaubwürdigkeit, wenn sie bekennt, dass gerade sie als sozialer Träger der Gesellschaft Mobbing in der eigenen Institution hat oder gar zulässt.

5 Wenn der Konflikt nicht lösbar ist – Eine Veränderung wird angestrebt

Möglicherweise lässt sich Ihr Mobbing-Problem trotz aller Bemühungen nicht lösen. Der fast schon abgedroschene Satz »Jede Krise ist eine Chance«, findet trotz der zunächst bitteren Enttäuschung seine Berechtigung. Wer völlig ausgelaugt ist, kann in der Arbeit keine neuen Strategien für sich ausarbeiten. Eine Auszeit ist dann die vernünftige Lösung.

Zunächst muss ich mich stabilisieren (lassen), um dann den Blick für neue Ziele zu erarbeiten. Eine Krankschreibung bedeutet kein Armutszeugnis, sondern kann ein sinnvoller Zwischenschritt sein, mit dem nötigen Abstand und neuen Kräften den Prozess in einem anderen Blickwinkel zu sehen. Eine Auszeit ist eine wichtige Zeit, Trauer zuzulassen, den Gefühlen den nötigen Raum zu geben, der in der Zeit des Kampfes vor Ort nicht möglich war. Erst wenn diese Gefühle verarbeitet und im Leben integriert und akzeptiert sind, eingeordnet sind, kann Neues entstehen. Dazu ist es unabdingbar loszulassen.

1. Ich möchte über kurz oder lang aus dem Betrieb gehen, aber einen möglichst positiven Abschluss herbeiführen, angestrebt ist:

a) zeitnah gehen mit guter Abfindung

Erst wenn Sie eine klare Entscheidung getroffen haben, sollten Sie agieren.

Nehmen Sie Experten zum Verhandlungsgespräch mit, damit keine eigenen unbedachten Äußerungen über Ihre Lippen kommen. Still halten und schweigen ist für manche in dieser Situation nicht immer einfach.

Leider wird in dieser Phase häufig der Fehler gemacht, beim

Arbeitgeber ohne vorherige Informationseinholung durch einen Rechtsbeistand die Kündigung einzureichen.

Verhandlung ohne Experten von außen sollten erst gar nicht probiert werden. Professionelle Helfer können als unbeteiligte Dritte bessere Verhandlungsergebnisse für Sie erzielen. Sie haben zudem die Chance, in einem Verhandlungsgespräch ihre Meinung und Sichtweise zu dem Konflikt darzustellen. Nicht selten kann dadurch eine (höhere) Abfindungssumme erzielt werden. Und diese Chance sollten Sie sich nicht entgehen lassen, denn Sie können den Konflikt dadurch auch emotional für sich abschließen.

Statt einer Abfindung gibt es auch die Möglichkeit die Summe in Form einer Beurlaubung unter Zahlung der vollen Bezüge zu vereinbaren. Damit umgehen Sie die Anrechnung der Abfindungssumme auf Ihr Arbeitslosengeld beim Arbeitsamt.

Arbeiten Sie einen taktischen Zeitplan aus. Gibt es z. B. die Möglichkeit, Weihnachtsgeld oder Urlaubsgeld zu erhalten? Möchten Sie eine Reha-Maßnahme in Anspruch nehmen, bevor eine neue Stelle gesucht wird? Sie können auch bereits Kontakt mit den zuständigen Kostenträgern aufnehmen. Arbeitsämter geben häufig gerne Auskunft, welche Art der Unterstützung Sie erhalten und wie sich die momentane Arbeitsmarktsituation in Ihrem Fall gestaltet.

b) Das Arbeitsverhältnis möglichst lange fortsetzen?

Wenn die Kündigung unumgänglich ist, empfiehlt es sich grundsätzlich, so lange als möglich den Arbeitsplatz zu erhalten.

Kündigt der Arbeitgeber, bleibt Ihnen die Möglichkeit des Klageweges. Insbesondere dann, wenn Sie noch einige Argumente gegen den Arbeitgeber in der Hand haben. Hier kann das Mobbingtagebuch eine hilfreiche Unterstützung darstellen. Manche Arbeitgeber sitzen den Konflikt regelmäßig aus und hoffen, dass der Arbeitnehmer von sich aus kündigt. Diese Zeit kann man nutzen, neue Pläne zu schmieden: sich Gedanken über neue Hobbys machen, Entspannungstechniken einüben oder auch durch gymnastische Übungen körperlich fit zu bleiben. Wichtig ist, sich selbst Ziele zu stecken, wenn es keine Arbeit gibt, und damit dem Arbeitgeber ein Schnippchen zu schlagen. Möglichkeiten dazu gibt es immer.

Sehen Sie die Zeit an Ihrem alten Arbeitsplatz als einen Zwischenschritt an, bis neue Alternativen ausgearbeitet sind. Damit wird die Zeit absehbar, und mit dieser Hoffnung im Kopf lässt sich die verstreichende Zeit besser ertragen.

Kurz- / Mittel- / Langfristige Ziele

Teilen Sie Ihre Ziele und Aktionen in drei Unterziele ein. Oft gibt es schon Klarheit wie auch Entlastung, wenn man weiß, wie man aussteigen möchte.

Kurzfristiges Ziel: Was ist diese Woche noch zu erledigen, um meinem Ziel ein Stück näher zu kommen? Stehen Gespräche an? Muss ich noch ein Mobbingtagebuch schreiben? Habe ich sonstige anstehende Termine wie z. B. den Arztbesuch? Sollten Sie sich im Krankenstand befinden, stellt sich die Frage, ob Sie überhaupt an Ihren alten Arbeitsplatz zurückkehren oder die Zeit nutzen, für sich zu sorgen und neue Perspektiven zu erarbeiten. Schreiben Sie sich dazu alle Fragen auf und setzen Sie sich eine Prioritätenliste.

Mittel- und langfristige Ziele: Schwerpunktmäßig werden hier neue Perspektiven erarbeitet. Stellen Sie sich vor, eine gute Fee würde zu Ihnen kommen und Sie fragen: »Was ist momentan Ihr liebstes Ziel bezüglich Ihres Arbeitsplatzproblems?« Zögern Sie dabei nicht lange oder schränken Ihr Ziel gleich ein. »Am liebsten würde ich etwas ganz anderes machen, aber ich kann ja nicht ... ich hab ja nicht ...« Lassen Sie Ihr Bauchgefühl sprechen, ohne zu bewerten.

Denn damit schränken Sie Ihr Unterbewusstsein ein, neue kreative Ideen zu entwickeln.

Schreiben Sie diesen Wunsch auf eine Karte oder einen Zettel. Legen Sie die Karte so vor sich hin, dass Sie es als Ihr Endziel betrachten. Stellen Sie sich nun eine Lebens-Linie vor, an der Sie Ihren Start und Ihr Ziel haben.

Start ist der heutige Tag. Nun gilt es, die Linie zwischen dem Anfang (heutiger Tag) und dem Ziel (Wunsch) zu füllen, das ist Ihr Weg. Nun können Sie kreativ loslegen. Schreiben Sie jeden Gedankenschritt, jede Idee auf eine Karte und legen sich die Karten so, wie Sie es momentan für richtig halten. Dabei ist ganz wichtig, dass Sie Ihre aufkommenden Ideen zunächst nicht bewerten. Nehmen Sie sich ausreichend Zeit. Wenn Sie alle Ideen notiert und hingelegt haben, lehnen Sie sich zurück, schauen Sie in Ruhe darauf: Nun können Sie beginnen, Ihre Ideen auf Ihren Karten zu bewerten und Prioritäten zu setzen.

Diese kreative Phase macht immer viel Spaß. Die Karten können immer wieder hervorgeholt werden, wenn neue Ideen kommen oder sich die Situation geändert hat. Nicht immer lässt sich Ihr Wunschziel erreichen. Pläne können schneller platzen, als man glaubt. Daher gehört ein *Plan »B«* erarbeitet.

Neuen Job oder eigene Firma gründen?

Manche Betroffene nehmen die Gelegenheit wahr, endlich im Leben genau das zu verwirklichen, was sie schon immer machen wollten. So wird das Hobby zum Beruf gemacht. Warum nicht jetzt die Gelegenheit ergreifen und mal was ganz anderes machen? Gerade bei Mobbing sind es manche leid, sich jahrelang von ihren Vorgesetzten etwas sagen lassen zu müssen. Oft hatten sie die besseren Fachkenntnisse.

Gleich, ob Sie ein festes Arbeitsverhältnis oder die Selbstständigkeit anstreben, in beiden Fällen stehen Sie vor einem Neubeginn, den Sie gründlich überdenken müssen, bevor Sie zu Taten schreiten. Zunächst müssen Sie die belastenden Erlebnisse aufarbeiten, damit Sie die Vergangenheit nicht emotional blockiert:

- Was ist im letzten Job schiefgelaufen?
- Was will ich dieses Mal besser machen?
- Will ich den gleichen Job oder will ich etwas anderes machen?
- Will und kann ich eine Auszeit nehmen?

- Welche neuen Erfahrungen und daraus resultierenden Stärken und Fähigkeiten habe ich durch das Mobbing erhalten?

Wenn Sie sich diese Fragen ernsthaft und ehrlich beantwortet haben, ist der erste Schritt zur Loslösung vom alten Job getan.

6 Die anwaltliche Sicht

Nathalie Brede und Ansgar Brede

Liebe Leser und Leserinnen, als Rechtsanwälte begegnen wir im Rahmen unserer Arbeit und Vortragstätigkeit oft Betroffenen, die Angst haben, sich hilflos fühlen oder sich kaum trauen, über ihr Problem zu sprechen. Die Hürde, professionelle, insbesondere anwaltliche, Hilfe in Anspruch zu nehmen, ist sehr hoch – viel zu hoch, wie sich leider oft herausstellt.

Ein erster Rat vorweg: Bei Mobbing, egal, wie problematisch der Fall auch scheint, niemals unüberlegt und unberaten zur Eigenkündigung schreiten!

Und: Nehmen Sie möglichst frühzeitig umfassend Hilfe in Anspruch, denn im schlimmsten Fall kann Mobbing zu Berufs- und/oder Erwerbsunfähigkeit führen!

Grundsätzlich gilt: Den Anwalt Ihres Vertrauens müssen Sie nicht von Ihrem Problem überzeugen. Ihr Anwalt ist Ihnen gut gesonnen. Gehen Sie davon aus!

Sollte Ihnen Ihr Gefühl dennoch etwas anderes sagen, ist der Anwalt, den Sie konsultiert haben, vielleicht einfach (noch) nicht der Richtige für Sie, denn auch die »Chemie« zwischen Ihnen und Ihrem Rechtsbeistand muss stimmen.

Dennoch birgt das Thema der rechtlichen Beratung immer wieder ein Problem: Große Anzeigen in Zeitungen und Telefonbüchern weisen auf den bzw. die vermeintlich richtigen Rechtsberater hin. Kanzleien mit großen Namen und vielen Anwälten werben um die Gunst der Mandanten. Aber dennoch bleiben die Fragen:

An welchen der vielen Anwälte soll ich mich wenden? Wer kann mir wirklich helfen? Wie finde ich den richtigen Anwalt?

Die Antwort ist im Grunde einfach und kann doch im Einzelfall schwierig sein: Der richtige Anwalt für Sie ist der, mit dem Sie zurechtkommen, der sich auf dem Gebiet Mobbing wirklich auskennt und der sich um Ihre Angelegenheit kümmert. Ein Rechtsanwalt, der sich mit Arbeitsrecht und insbesondere und intensiv mit Mobbing beschäftigt, oder auch ein Fachanwalt für Arbeitsrecht, der sich intensiv mit Mobbing beschäftigt, sind die in fachlicher Hinsicht richtigen Rechtsberater. Wie kompetent der gefundene Berater wirklich ist, können Sie als Laie leider nicht beurteilen, auch nicht, wenn Sie sich noch so sehr mit der Thematik auseinandersetzen. Aber Sie können für sich bewerten und entscheiden, ob Sie sich beim gefundenen Berater wohlfühlen. Hat Ihr Berater genügend Zeit für Sie eingeplant und lässt er eine von Ihnen erbetene Gesprächspause zu? Wie reagiert er, wenn Sie ihm sagen oder zeigen, dass Ihr Fall für Sie sehr anstrengend ist? Ihr »Bauchgefühl« ist ein sehr wichtiger Indikator. Hören Sie auf Ihr eigenes Gefühl! Meist liegen Sie damit richtig. Außerdem sollten Sie darauf achten, dass Ihr Fall nicht von ständig wechselnden Bearbeitern begleitet wird. Fragen Sie in der Kanzlei, die Sie beauftragen möchten, vorher danach! Anwälte finden Sie oft über andere Betroffene, die Ihnen von eigenen Erfahrungen berichten können, oder Sie wenden sich z. B. an das *Netzwerk* der *Mobbingselbsthilfegruppen Deutschland*, das Ihnen Kontakte zu Selbsthilfegruppen in Ihrer Nähe vermitteln sowie fachlich kompetente und menschliche Ansprechpartner zu allen Fragen nennen kann.

Zweitens: Gehen Sie nicht zu spät zum Rechtsanwalt! Es ist nie zu früh. Vielen Betroffenen hätten wir in rechtlicher Hinsicht noch besser helfen können, wenn sie frühzeitig gekommen wären. Sie können zu einer Erstberatung zum Rechtsanwalt gehen. Deshalb müssen Sie nicht gleich einen Prozess führen. Anwälte können oftmals auch helfen, einen Streit vor Gericht zu vermeiden.

Was ist Mobbing aus rechtlicher Sicht?

Der Begriff »Mobbing« ist in Deutschland nicht gesetzlich geregelt.

Mobbing im Rechtssinne ist enger zu verstehen als in anderen Disziplinen. Mobbing am Arbeitsplatz ist die Variante, die wir hier näher behandeln. Es gibt natürlich auch Mobbing in anderen Lebensbereichen, z. B. in der Schule. Auch das ist ein ernsthaftes Problem, womit wir uns an dieser Stelle nicht beschäftigen können, weil es die Grenzen dieses Buches sprengen würde. Für Fragen in allen Mobbing-Fällen, gleich ob am Arbeitsplatz, in der Schule oder in anderen Bereichen, können Sie sich gerne an die Autoren wenden, deren Kontaktadressen Sie auf der hinteren Umschlagklappe des Buches finden. In anderen Lebensbereichen als am Arbeitsplatz sind die hier dargestellten arbeitsrechtlichen Überlegungen zwar nicht anzustellen, aber die zivil- und strafrechtlichen Überlegungen sind sehr ähnlich. Darüber hinaus muss man in einigen Fällen auch über verwaltungsrechtliche Möglichkeiten nachdenken. Sollten Sie diesbezüglich weitere Fragen haben, können Sie sich gerne direkt an die Autoren wenden.

Das Bundesarbeitsgericht hat den Begriff Mobbing 1997 (Aktenzeichen: 7 ABR 14/96) folgendermaßen definiert: »Mobbing ist das systematische Anfeinden, Schikanieren oder Diskriminieren von Arbeitnehmern untereinander oder durch Vorgesetzte.«

Das Landesarbeitsgericht Thüringen hat diese Definition im Jahre 2001 (Aktenzeichen: 5 Sa 403/00) präzisiert: »Im arbeitsrechtlichen Verständnis erfasst der Begriff des Mobbing fortgesetzte, aufeinander aufbauende oder ineinander übergreifende, der Anfeindung, Schikane oder Diskriminierung dienende Verhaltensweisen, die nach Art und Ablauf im Regelfall einer übergeordneten, von der Rechtsordnung nicht gedeckten Zielsetzung förderlich sind und jedenfalls in ihrer Gesamtheit das allgemeine Persönlichkeitsrecht oder andere ebenso geschützte Rechte, wie die Ehre oder die Gesundheit des Betroffenen, verletzen.«

Wenn Sie sich jetzt fragen: Ist mein Problem nun auch rechtlich Mobbing oder »nur« ein Konflikt? Dann wird es höchste Zeit: Gehen Sie zum Anwalt Ihres Vertrauens und besorgen Sie sich die für Sie wichtigen Informationen! Genau über diese Frage wird nämlich in der Regel gestritten. Das größte Problem stellen dann die fehlenden oder wenig brauchbaren Beweise dar. Sie sollten sich informieren, was Sie selbst tun können, um sich in dieser Situation zu helfen und wirksame Hilfe zu erhalten. Lediglich zum Arzt zu gehen und ihn um eine Arbeitsunfähigkeitsbescheinigung zu bitten, weil Sie Angst haben, nach dem bevorstehenden Wochenende wieder zur Arbeit gehen zu müssen, reicht nicht aus. Allein die Arbeitsunfähigkeitsbescheinigung bedeutet keine Lösung des Problems. Die Zeit verstreicht, und das Problem kehrt wieder. Ein solches Verhalten führt oft zu weiteren – auch finanziellen – Problemen und Nachteilen. Entgeltfortzahlung und gegebenenfalls Krankengeld erhalten Sie nur begrenzt. Und dann? Also: Raus aus der Opferrolle! Helfen Sie sich, damit Ihnen geholfen werden kann!

Zurück zu den juristischen Begrifflichkeiten:

Was muss nun geschehen sein, damit der Konflikt als »Mobbing« verstanden wird?

Zunächst müssen mehrere *Einzelereignisse* zusammenkommen. Auch wenn diese Einzelereignisse isoliert betrachtet »noch normal«, »Unhöflichkeiten« oder »unangenehme« Geschehnisse sind, so kann doch ihr gehäuftes Auftreten Mobbing sein. Wichtig ist, die Ereignisse in ihrem Sinnzusammenhang zu betrachten. Eine Kette von Einzelereignissen wie z. B.: in der Kantine setzt sich kein Kollege zu Ihnen, Ihr Vorgesetzter grüßt Sie morgens nicht oder lädt Sie zu einem unangenehmen Vier-Augen-Gespräch, Sie wurden nicht zur Weihnachtsfeier eingeladen, kann im Sinnzusammenhang der Ereignisse auf Mobbing schließen lassen, obwohl es sich bei den genannten Beispielen isoliert betrachtet nur um Unhöflichkeiten o. Ä. handelt.

Wichtig: Notieren Sie sich alle diese Einzelereignisse präzise und richtig! Prozesse sind langwierig, und dem menschlichen

Erinnerungsvermögen sind naturgemäß Grenzen gesetzt. Dadurch, dass Sie sich in der Mobbingsituation in einer Ausnahmesituation befinden, sind Sie belastet und ebenso Ihr Gedächtnis, damit ist Ihr Erinnerungsvermögen erst recht begrenzt. Außerdem verändern sich Ereignisse, wenn man sie lediglich in der Erinnerung behält und dann wieder aufruft. Einzelheiten, die für Ihren Fall vielleicht sehr wichtig sind, streicht Ihr Gedächtnis, anderes schmückt es aus. Legen Sie sich also ein Mobbingtagebuch an, wie Sie es im Anhang finden! Das erleichtert Ihrem Anwalt die spätere juristische Arbeit und hilft Ihnen, sich zu erinnern! Beachten Sie die Hinweise zu den Beweismitteln!

Ihre »Rechtsgüter« müssen verletzt worden sein. Das bedeutet: Ihnen muss ein Nachteil entstanden sein, der rechtlich fassbar ist. Das kann z. B. eine Krankheit sein, eine Ehrverletzung oder ein Nachteil infolge von arbeitsrechtlichen Maßnahmen, z. B. durch eine Versetzung, Abmahnung oder Kündigung. Sie sehen also: Das Magengeschwür oder die psychische Belastung, die Sie arbeitsunfähig machen, sind ebenso relevant wie eine Körperverletzung oder eine Rufschädigung oder gar eine Kündigung. Manchmal kommt es auch vor, dass ein Betroffener vor lauter Angst und Scham erst vier Wochen nach Erhalt seiner Kündigung zu uns kommt und wir ihm dann leider sagen müssen, dass er – weil die Dreiwochenfrist (nach dem Kündigungsschutzgesetz) vorbei ist – gegen die Kündigung nichts mehr tun kann und es sich im Übrigen um Mobbing handelt. Wäre dieser Betroffene früher gekommen, hätte man gegen die Kündigung noch etwas tun können, noch früher hätte man sie möglicherweise sogar vermeiden und Beweise für einen späteren Mobbingprozess sammeln können.

Bitte beachten Sie also: Wenn eine arbeitsrechtliche Maßnahme, z. B. Versetzung, Abmahnung, Kündigung, droht oder ausgesprochen wurde: Verlieren Sie keine Zeit und gehen Sie SOFORT zum Rechtsanwalt!

Auch andere Rechtsgutverletzungen kann und wird Ihr Rechtsanwalt festhalten und gegebenenfalls darauf reagieren.

Aber bedenken Sie bitte auch: Mobbing tritt selten in Reinform auf; oftmals ist die Problematik ein kleiner Teil eines Gesamtgeschehens und tritt im Zusammenhang mit anderen Maßnahmen (z.B. Abmahnung, Kündigung, Versetzung) in Erscheinung.

Deshalb ist es auch so wichtig, dass Sie sich frühzeitig einen Anwalt suchen, zu dem Sie mit Ihrem Problem kommen können. In der Kündigungssituation erst zu suchen kostet wertvolle Zeit, die Sie dann nicht haben. Und: Genau diese Situation kann in vielen Fällen durch das frühzeitige Tätigwerden eines Anwalts verhindert werden.

Was kann man in rechtlicher Hinsicht tun?

Der Jurist wird Ihnen darauf antworten: Das kommt darauf an …

Und diese Antwort ist so richtig, wie sie nur sein kann. In erster Linie kommt es darauf an, was bislang vorgefallen ist. Jeder Fall ist anders und muss individuell behandelt werden:

Befinden Sie sich noch in der Anfangsphase, kann möglicherweise mithilfe des Rechtsanwalts eine Lösung gefunden werden, mit der alle Beteiligten leben können, und der Konflikt kann beendet werden. Betreibt Ihr Arbeitgeber aktiv Mobbingprävention, stehen Ihre Chancen auf eine einvernehmliche Lösung mithilfe Ihres Anwalts recht gut.

Ist eine solche Lösung des Konflikts nicht möglich, können zumindest alle in Ihrem Einzelfall geeigneten und erforderlichen Maßnahmen getroffen werden, dass es für Sie besser wird, und Sie bereits frühzeitig Beweise sammeln, um einen später vielleicht notwendig werdenden Prozess im Vorfeld abzusichern.

Falls Ihnen bereits eine arbeitsrechtliche Maßnahme angedroht oder Ihnen gegenüber bereits ausgesprochen wurde, dann ist es wichtig, zuerst dagegen vorzugehen. Wie gesagt: Verlieren Sie keine wertvolle Zeit! Gehen Sie sofort zum Anwalt!

Vorsicht vor Beratern, die Ihnen leichtfertig empfehlen, Ihr Beschäftigungsverhältnis gegen Zahlung einer Abfindung »einfach« aufzulösen: Das ist nämlich nur eine von vielen Möglichkeiten. Überlegen Sie sich gut, ob Sie das Beschäftigungsverhältnis tatsächlich beenden wollen oder Ihnen Ihr Arbeitsplatz so wichtig ist, dass Sie – vielleicht auch zu geänderten Bedingungen – an Ihrem Beschäftigungsverhältnis festhalten wollen. Bedenken Sie bei Ihrer Entscheidung alle Folgen! Die Beendigung des Beschäftigungsverhältnisses muss wohl überlegt sein, noch besser und genauer als früher, weil insbesondere auch steuerliche und sozialversicherungsrechtliche Aspekte im Hinblick auf die Abfindung in die Überlegungen miteinbezogen werden müssen. In Zeiten von Hartz IV darf ein Arbeitsplatz trotz aller Probleme und Schwierigkeiten nicht einfach leichtfertig und ungeprüft »weggeworfen« werden. Wichtig ist, dass die gefundene Lösung am Ende für Sie die richtige ist. Es kann also sein, dass die Auflösung des Beschäftigungsverhältnisses genau die richtige Lösung für Sie ist. Es kann aber auch sein, dass nichts schlechter wäre als das. Jedenfalls bedarf Ihr Fall – wie jeder andere Einzelfall auch – der genauen und sorgfältigen Prüfung. Es kommt auch hier auf die gute und gründliche Aufbereitung der Tatsachen des Mobbingvorgangs an, um ein optimales Ergebnis für Sie zu erzielen.

Was kann der Anwalt/die Anwältin im Falle einer arbeitsrechtlichen Maßnahme für mich tun?

Eine häufige Maßnahme, nach der Betroffene zu uns kommen, ist die Kündigung. Im Falle einer mobbingmotivierten Kündigung wird Ihr Anwalt Kündigungsschutzklage zum Arbeitsgericht erheben. Ziel ist es, die Unwirksamkeit der Kündigung feststellen zu lassen.

Von Zeit zu Zeit kommt es auch vor, dass ein Betroffener vom Arbeitgeber zwar bezahlt, nicht aber beschäftigt oder nicht vertragsgemäß beschäftigt wird. Das bedeutet, dass der Betroffene entweder den ganzen Tag ohne Arbeit dasitzt und wartet, dass die Zeit vergeht, oder Arbeit erledigt werden soll, die mit dem arbeitsvertraglich vorgesehenen Aufgabengebiet gar nichts zu tun hat – z. B. Zimmerpflanzenpflege statt Sachbearbeitung.

Arbeitnehmer haben nicht nur einen Anspruch auf das vereinbarte Arbeitsentgelt, sondern auch und gerade auf vertragsgemäße Beschäftigung. In diesem angesprochenen Fall muss auf tatsächliche vertragsgemäße Beschäftigung geklagt werden. Dieses Problem kann sich eigenständig, aber auch nach einer erfolgreichen Kündigungsschutzklage stellen.

Im Falle einer Abmahnung wird auf Entfernung der unberechtigten Abmahnung aus der Personalakte geklagt; im Falle einer Versetzung darauf, dass die vorgenommene Versetzung unwirksam ist, weil sie nicht vom Direktionsrecht des Arbeitgebers gedeckt ist.

Das sogenannte Direktionsrecht ist die Weisungsbefugnis des Arbeitgebers, die sich aus dem Arbeitsverhältnis ergibt. Der Arbeitgeber hat das Recht, unter Berücksichtigung der sich aus dem Arbeitsvertrag, dem kollektiven Recht und den Gesetzen ergebenden Grenzen, Zeit, Ort und Art der Arbeitsleistung nach billigem Ermessen zu bestimmen.

Problematisch kann sein oder werden, dass ein Arbeitgeber, wenn sein Direktionsrecht ihm die Versetzung eines Arbeitnehmers nicht erlaubt, eine Versetzung nur durch Änderungskündigung erreichen kann. Im Falle der Änderungskündigung muss gegebenenfalls innerhalb der Dreiwochenfrist Änderungskündigungsschutzklage zum Arbeitsgericht erhoben werden.

Weiter kommt es oftmals vor, dass Urlaub vom Arbeitgeber nicht oder nicht wie gewünscht gewährt wird, z. B. immer wieder mit der Begründung, dass anderen Arbeitnehmern und Arbeitnehmerinnen zu diesem oder jenem Zeitpunkt aus diesem oder jenem Grund vorrangig Urlaub gewährt werden müsse. Der größte Fehler, den Betroffene hier begehen können, ist, dass sie plötzlich nicht mehr zur Arbeit erscheinen. Selbstbeurlaubung ist unzulässig. Ihren Anspruch auf Urlaubsgewährung können sie klageweise oder gegebenenfalls mittels einer einstweiligen Verfügung durchsetzen.

Hin und wieder werden den Betroffenen auch Gegenstände entzogen, deren Überlassung vertraglich vereinbart ist und die den Betroffenen vereinbarungsgemäß auch zur privaten Nutzung zur Verfügung stehen. Beliebtester Ansatzpunkt ist dabei regelmäßig der Pkw, der entweder entzogen oder durch ein anderes, in einer niedrigeren Klasse eingestuftes Modell ersetzt wird. Auch in diesem Fall können Sie Ihre vertraglichen Ansprüche klageweise geltend machen.

Noch relativ neu ist das Allgemeine Gleichbehandlungsgesetz (AGG). Es gilt seit dem 18. August 2006. Dieses Gesetz verbietet die Diskriminierung aus Gründen der Rasse, ethnischen Herkunft, des Geschlechts, der Religion oder Weltanschauung, einer Behinderung, des Alters oder der sexuellen Identität. Wichtig ist insbesondere auch, dass Entsprechendes ebenfalls für die Mitgliedschaft in einer Gewerkschaft gilt. In den genannten Fallgruppen führt das Allgemeine Gleichbehandlungsgesetz vor allem dazu, dass Benachteiligungen rechtlich besser fassbar sind und Beweiserleichterungen gelten.

Das Gesetz regelt auch die Rechte der Beschäftigten im Sinne des Gesetzes in diesen Fällen, nämlich:

- Sie haben ein Beschwerderecht. Das bedeutet, dass Sie sich bei der zuständigen Stelle in Ihrem Betrieb, Unternehmen oder Ihrer Dienststelle über eine Benachteiligung beschweren können, Ihre Beschwerde geprüft wird und Sie eine Antwort erhalten. Das Beschwerderecht hilft Ihnen vielleicht nicht gleich, aber es vereinfacht die Beweislage in einem späteren Prozess zu Ihren Gunsten.
- Sie haben ein »Leistungsverweigerungsrecht«. Das heißt, dass Sie – wenn der Arbeitgeber gegen eine Belästigung nichts tut – nicht zur Arbeit gehen müssen, ohne dafür auf Geld verzichten zu müssen. Diese Möglichkeit birgt allerdings große Risiken für Sie, wenn Sie die Situation nicht zutreffend einschätzen. Bevor Sie also zu Hause bleiben, gehen Sie zum Anwalt und lassen Sie sich beraten!

Diese Vorsicht galt bereits vor dem Allgemeinen Gleichbehandlungsgesetz, denn ein »Zurückbehaltungsrecht« gab es bereits vorher und es existiert nach wie vor. Es war und ist allerdings immer mit der Gefahr der falschen Einschätzung der Situation durch den Betroffenen verbunden.

Darüber hinaus regelt das Allgemeine Gleichbehandlungsgesetz Ansprüche der betroffenen Beschäftigten auf Entschädigung und Schadensersatz und es enthält ein sogenanntes Maßregelungsverbot, das bedeutet, dass Beschäftigte nicht benachteiligt werden dürfen, weil sie ihre Rechte wahrnehmen; es gilt auch für Zeugen.

Das Allgemeine Gleichbehandlungsgesetz gilt im Falle von Benachteiligungen und Diskriminierungen durch den Arbeitgeber sowie durch andere Beschäftigte gleichermaßen.

Also: Das Allgemeine Gleichbehandlungsgesetz hat Erleichterungen für Mobbingbetroffene gebracht. Leider gilt dies nicht umfassend und für alle Fälle des Mobbings, sondern nur für diejenigen Fälle, die durch das Gesetz ausdrücklich erfasst werden. Betrifft Mobbing in Ihrem Fall keines der im Gesetz genannten Diskriminierungsverbote oder sind Sie nicht Beschäftigter im Sinne des Gesetzes, hilft Ihnen das Allgemeine Gleichbehandlungsgesetz nicht weiter und es gelten die übrigen Regeln. Suchen Sie also frühzeitig Rat bei einem Rechtsanwalt Ihres Vertrauens, damit auch diese Frage entsprechend frühzeitig geklärt werden kann.

Möglicherweise handelt es sich in Ihrem Fall aber auch um eine andere Verletzung arbeitsvertraglicher Nebenpflichten durch den Arbeitgeber. Diese – vereinzelt immer wieder auftauchenden – übrigen Fälle hier zu behandeln würde den Rahmen dieses Buches sprengen. Auch wenn Sie Ihren Fall hier nicht gefunden haben, aber auch benachteiligt werden oder Sie z. B. in einem Büro ohne Fenster oder im Qualm arbeiten müssen, können Sie etwas dagegen tun. Suchen Sie Rat bei jemandem, der sich wirklich auskennt – beim Rechtsanwalt Ihres Vertrauens!

Und wenn es sich nicht um eine arbeitsrechtliche Maßnahme handelt?

Ich habe ein Magengeschwür und Angst davor, am Montag wieder zur Arbeit gehen zu müssen. Außerdem ist mein Ruf in der Firma verdorben. Wegen des Magengeschwürs gehe ich zum Arzt. Aber wie kann mir der Anwalt helfen?

In Ihrem Fall sind sogenannte »absolute Rechtsgüter« betroffen. Die Beeinträchtigung Ihrer Gesundheit und Ihrer Ehre ist eine – wie es das Bürgerliche Gesetzbuch nennt – »unerlaubte Handlung«. Sie können daher Schadensersatz verlangen – unter Umständen nicht nur vom Arbeitgeber. Zur Frage, gegen wen sich die Ansprüche richten, kommen wir später.

Ein weiteres häufig betroffenes Rechtsgut ist das »Allgemeine Persönlichkeitsrecht«. Auch dieses ist gesetzlich nicht geregelt. Es ist von der Rechtsprechung aus der Menschenwürde und der allgemeinen Handlungsfreiheit entwickelt worden und heute allgemein anerkannt. Damit wurde eine Rechtsschutzlücke geschlossen und Verfassungsprinzipien wurde zur Geltung auch im Zivilrecht verholfen. Wegen Verletzung des Allgemeinen Persönlichkeitsrechts können Unterlassungs-, Schadensersatz- und Schmerzensgeldansprüche geltend gemacht werden.

Sie werden sich nun fragen: Was bedeutet »absolute Rechtsgüter«? Absolute Rechtsgüter unterscheiden sich von vertraglichen Rechtspositionen dadurch, dass sie einen anderen Schutz genießen. Der Arbeitsvertrag besteht zwischen Arbeitgeber und Arbeitnehmer, weshalb diese beiden jeweils aus dem Vertrag berechtigt und verpflichtet sind. Anspruchsgegner sind also die jeweiligen Vertragspartner. Absolute Rechtsgüter sind gegenüber jedermann geschützt, nicht nur gegenüber dem Vertragspartner. Wer ein absolutes Recht verletzt, ist der Anspruchsgegner, d.h. derjenige, gegen den Sie vorgehen können. Gegebenenfalls muss sich der Arbeitgeber diese Handlungen zurechnen lassen, was bedeutet, dass er sich die Verletzungshandlungen »auf seine Rechnung schreiben lassen muss« und deshalb ebenfalls von Ihnen in Anspruch genommen werden kann.

Zusätzlich muss auch die erforderliche Kausalität gegeben sein. Und was heißt das?

Kausalität bedeutet Ursächlichkeit. Der Mobber muss das Geschehen und das Ergebnis verursacht haben, und Rechtsverletzung und Schaden müssen zurechenbar sein.

Rechtlich unterscheidet man die haftungsbegründende und die haftungsausfüllende Kausalität. Die sogenannte haftungsbegründende Kausalität bezieht sich auf den Zusammenhang zwischen Handlung und Rechtsgutverletzung, die sogenannte haftungsausfüllende Kausalität auf den Zusammenhang zwischen Rechtsgutverletzung und Schaden.

Im zivilrechtlichen Bereich bestimmt der Jurist die Kausalität mithilfe der sogenannten »Adäquanztheorie«. Das bedeutet, dass einem Handelnden ein Ergebnis zuzurechnen ist, wenn die von ihm gesetzte Bedingung im Allgemeinen, nach dem gewöhnlichen Verlauf der Dinge und nicht nur unter ganz ungewöhnlichen und unwahrscheinlichen Umständen zur Herbeiführung des Erfolgs geeignet war.

Vereinfacht gesagt: Man muss dem Mobber das verursachte Geschehen und das verursachte Ergebnis »auf seine Rechnung schreiben« können. Sind es mehrere Mobber, ist der Kausalitätsnachweis noch schwieriger zu führen als bei einem einzelnen Mobber.

Wenn das jetzt zu viel Rechtliches für Sie war: Keine Sorge, auch um die Frage der Kausalität macht sich Ihr Rechtsanwalt Gedanken. Das Grübeln diesbezüglich können Sie getrost den Fachleuten überlassen!

Für Sie wichtig ist in diesem Zusammenhang: Die Kausalität ist einer der problematischsten Punkte in der Praxis der Mobbingprozesse. Die Zuordnung vor allem von Gesundheitsverletzungen, wie z. B. Nervenzusammenbrüchen, zu einer konkreten Handlung einer bestimmten Person ist extrem schwierig. Und ob sich dann gegebenenfalls noch beweisen lässt, dass der Nervenzusammenbruch nicht auf einer anderen – möglicherweise privaten – Ursache beruht, ist die nächste Frage. Gerade wegen des Kausalitätsnachweises sollten Sie also schon sehr früh zum

Anwalt gehen und sich beraten lassen, wie Sie sich weiter verhalten und was Sie selbst tun sollen.

Die Spielregeln bei der Verletzung vertraglicher Rechte sind andere als bei der Verletzung absoluter Rechtsgüter. Der entscheidende Unterschied: Die Ausgangslage für Sie ist hier besser, weil Ihr Vertragspartner beweisen muss, dass weder ihn noch eine ihm zuzurechnende Handelnde ein Verschulden trifft.

Der Anwalt Ihres Vertrauens wird Ihre Ansprüche umfassend und genau prüfen und mit Ihnen gemeinsam entscheiden, wie, d. h. insbesondere gegen wen, prozesstaktisch gesehen vorgegangen werden soll.

Bedenken Sie immer: Sie sind der Mandant und Sie entscheiden letztlich. Sie haben es in der Hand, wie in Ihrem Fall vorgegangen wird.

Was bedeuten die Begriffe Schadensersatz und Schmerzensgeld?

Schadensersatz erhält man für den nachgewiesenen »materiellen« Schaden, Schmerzensgeld für den »immateriellen« Schaden. Das bedeutet, dass als Schadensersatz tatsächliche finanzielle Beeinträchtigungen ausgeglichen werden, z. B. Kosten für ärztliche Behandlung, Medikamente, Verdienstausfall, angefallene Kreditzinsen. Nicht materiell ist der Schaden, den Sie haben, weil Ihre Ängste, Ihr Magengeschwür, Ihre Nervenzusammenbrüche oder Ihre Schlafstörungen Sie nicht mehr »normal« leben lassen. Körperlicher oder seelischer Schmerz bedeutet entgangene Freude. Zum Ausgleich dafür können Sie Schmerzensgeld erhalten.

Ich habe schon viele Gerichtssendungen und Berichte aus Amerika gesehen.

Wie viel Schmerzensgeld kann ich denn erwarten?

Wir sind in Deutschland, in der Realität. Erwarten Sie bitte weder einen Prozess, wie Sie ihn aus dem Fernsehen kennen, noch Schmerzensgeld in amerikanischer Höhe oder wie bei Prominenten! Es kommt vor, dass Mandanten mit sehr hohen Schmerzensgelderwartungen kommen. Das Schmerzensgeld dient nicht dazu, Sie reich zu machen. Es soll – wie bereits dargestellt – Ihre erlittenen Beeinträchtigungen ausgleichen. In Deutschland sind die Gerichte sehr zurückhaltend bei der Festsetzung der Höhe des Schmerzensgeldes. Ihr Anwalt wird so viel wie möglich für Sie »herausholen«, aber bei Weitem keine amerikanischen Summen. Der Anwalt stellt einen Klageantrag mit einer gewünschten, aber realistischen Vorgabe; das Schmerzensgeld steht aber letztlich im Ermessen des Gerichts. Welcher Betrag verlangt werden kann, ist von Ihrem Einzelfall abhängig. Eine völlig überzogene Forderung macht den Prozess nur unnötig teuer. Erwarten Sie also keine Millionen! Auch wenn Ihr seelischer Schmerz so groß ist, dass Sie es für angemessen halten.

Dennoch kann der einzufordernde Gesamtbetrag sehr hoch werden, wenn neben Schadensersatz und Schmerzensgeld zusätzlich eine mobbingbedingte Berufs- oder Erwerbsunfähigkeit geltend gemacht wird.

Ist Mobbing strafbar?

Mobbing kann strafrechtliche Relevanz haben, wenn die Schwelle zum Strafrecht überschritten wurde. Das ist nicht selten der Fall. Wichtig ist es jedenfalls, strafrechtliche Überlegungen anzustellen sowohl hinsichtlich des Mobbers als auch hinsichtlich anderer Kollegen, die davon wussten. Delikte in diesem Bereich können z. B. sein Körperverletzungen, Nötigung, sexuelle Nötigung, Sachbeschädigung, Beleidigung, Verleumdung, üble Nachrede, unterlassene Hilfeleistung. Für manchen Kollegen wird es überraschend sein, dass er ein Strafbarkeitsrisiko trägt, obwohl er doch »nichts« getan hat. Inwieweit der Bereich des Strafrechts in Ihrem Fall betroffen ist und was deshalb getan werden sollte, sind wichtige Aspekte, die Ihr Anwalt auch würdigen und sorgfältig prüfen muss.

Im Übrigen möchten wir an dieser Stelle einem typischen und sehr weit verbreiteten Missverständnis entgegenwirken: Wenn die Staatsanwaltschaft ein Ermittlungsverfahren eingeleitet hat,

hat der Anzeigenerstatter in der Regel keinen Einfluss mehr darauf, weder auf den Fortgang noch auf den Ausgang des Ermittlungsverfahrens. In der Regel bedeutet, dass der Anzeigenerstatter nur bei Delikten, deren Verfolgung einen Strafantrag zwingend voraussetzt, noch Einfluss nehmen kann (z.B. Haus- und Familiendiebstahl). Solche Delikte sind die Ausnahme und betreffen Bereiche, in denen die staatliche Gewalt möglichst außen vor bleiben sollte.

Wichtig: Ob Mobbing strafrechtlich relevant ist, ist die eine Seite, die zivil- und arbeitsrechtliche Bewertung die andere Seite der Medaille. Dem Grunde nach müssen Sie die eine von der anderen Seite streng trennen.

Ob und inwieweit was vorliegt und was wozu herangezogen werden muss, kann und wird Ihnen Ihr Rechtsanwalt für Ihren Fall sagen.

Wer ist der Mobber/die Mobberin?

Der Mobber kann ein Kollege oder eine Kollegin sein; Untergebene, Vorgesetzte oder Kollegen auf gleicher Hierarchieebene können mobben; aber auch der Arbeitgeber selbst kann Mobber sein. Mobbing kann auch als Gruppenphänomen (»einer gegen alle« oder »alle gegen einen«) in und zwischen allen Hierarchieebenen auftreten, wobei gemobbte Gruppen eher selten sind und es sich dann um Kleingruppen handelt.

Wenn nicht gerade Ihr Arbeitgeber selbst mobbt, sondern es sich um eine Kollegin oder einen Kollegen handelt, dann entsteht zwangsläufig ein Dreiecksverhältnis, zwischen Ihnen, dem Mobber oder der Mobberin (es können auch mehrere sein) und Ihrem Arbeitgeber. In der Regel sind oder werden die Betroffenen über kurz oder lang das schwächste Glied in diesem Dreieck. Lassen Sie es nicht dazu kommen!

Nicht immer sind Arbeitgeber die »schwarzen Schafe«.

Für den Arbeitgeber bedeutet Mobbing immer auch Umsatzeinbußen und ein schlechtes Betriebsklima, egal, ob Mobbing ohne oder mit Wissen des Arbeitgebers stattfindet oder nicht und sogar dann, wenn es sich um geduldetes oder gar erwünschtes Mobbing eines Ihnen nicht wohlgesonnenen Arbeitgebers handelt. Auch für die Arbeitgeberseite birgt Mobbing also erhebliche Nachteile, die allerdings leider nicht immer von Anfang an gesehen werden.

Versetzen Sie sich einmal in die Position eines Ihnen wohlgesonnenen Arbeitgebers: Zwischen zwei Personen in der Abteilung bzw. im Betrieb besteht ein Konflikt. Nach und nach werden immer mehr Personen hineingezogen. Der Arbeitgeber, der sich selbst keine professionelle Hilfe sucht, wird den Konflikt irgendwann beenden müssen, um die Existenz des Betriebes zu retten. Konflikte gehen auf Kosten der Produktivität. Außerdem sieht der Arbeitgeber sich nicht nur Ihren Ansprüchen ausgesetzt, sondern auch denen des Mobbers, der die Situation ganz anders darstellen wird als Sie. Auch im Arbeitsverhältnis zwischen Ihrem Arbeitgeber und dem Mobber gelten die arbeitsrechtlichen Schutzvorschriften.

Was würden Sie an der Stelle des Arbeitgebers tun? Richtig, er wird versuchen, dort anzusetzen, wo er den geringeren Widerstand findet. Also bei Ihnen. Und das wollen wir vermeiden.

Gegen wen soll ich also vorgehen?

Sie können entweder gegen den bzw. die Mobber vorgehen oder gegen den Arbeitgeber oder gegen beide bzw. alle. Oft ist Letzteres ratsam. Aber auch dieser Punkt muss – wie jeder andere auch – im Einzelfall entschieden werden.

Oft spielen hier faktische oder vollstreckungsrechtliche Überlegungen eine Rolle, so z. B.: Was passiert, wenn der Mobber vermögenslos ist oder wird?

Das Vorgehen gegen den Mobber selbst ist für die Betroffenen oft wichtig, weil die unmittelbare Inanspruchnahme des Mobbers oder der Mobber in vielen Fällen die wirksamste Maßnahme zur Beendigung des Konflikts ist. Psychologisch betrachtet wird die Genugtuungsfunktion in der Regel besser erreicht, wenn gegen die Täter direkt vorgegangen wird.

Dennoch kann es in manchen Einzelfällen ratsam sein, nur gegen den Arbeitgeber vorzugehen. Häufig macht ein Vorgehen gegen beide Sinn, weil in der Regel gegen den Arbeitgeber vertragliche Ansprüche geltend gemacht werden können, die leichter durchsetzbar sind, der Mobber aber auch in die Parteirolle versetzt wird und somit die oben genannten Effekte erreicht werden. Ob man gegen den Arbeitgeber vorgeht, hängt oftmals auch mit der Frage zusammen, ob das Arbeitsverhältnis fortgesetzt werden soll oder nicht. Auch prozesstaktische Überlegungen hinsichtlich der Partei- beziehungsweise Zeugenrolle im Prozess sind einzubeziehen. Ebenfalls ist, wie bereits angesprochen, zu überlegen, ob Ihr Klagegegner im Falle des Erfolges Ihre Ansprüche auch erfüllen kann.

Sollten Sie Beamter sein, sind die Regeln des Amtshaftungsrechts zu berücksichtigen, weshalb ein Direktanspruch gegen den bzw. die mobbenden Beamten regelmäßig ausscheidet.

Das bedeutet nicht, dass mobbende Beamte »ungeschoren« davonkommen. Im Beamtenrecht kommen dienstrechtliche Aspekte hinzu, die als weitere Besonderheiten berücksichtigt werden müssen, z. B. das Disziplinarrecht. Gegen mobbende Beamte können disziplinarrechtliche Sanktionen verhängt werden, die bis zur Entfernung aus dem Beamtenverhältnis reichen können. Der Betroffene selbst kann diese Sanktionen indirekt dadurch veranlassen, dass er sich beschwert, wobei er allerdings den Dienstweg einhalten muss.

Sollten Sie als Angestellter im öffentlichen Dienst tätig sein, sind auch in Ihrem Fall Besonderheiten zu beachten, die vom Arbeitsverhältnis außerhalb des öffentlichen Dienstes abweichen.

Ihren Einzelfall unter allen Aspekten und mit allen Besonderheiten gründlich aufzuarbeiten ist Aufgabe Ihres Anwalts.

Im nächsten Schritt stellt sich dann die Frage:

Ist ein Mobbingprozess in meinem Fall ratsam?

Das können wir Ihnen an dieser Stelle leider nicht beantworten, weil wir dazu Ihren speziellen Fall kennen müssten. Wir können Ihnen aber allgemeine Informationen dazu geben, welche Möglichkeiten es gibt und womit Sie in einem Mobbingprozess rechnen müssen:

Der Antwort auf eine Frage, die Ihnen in diesem Zusammenhang sicher auf der Seele brennt, können wir mithilfe unserer Erfahrungen näher kommen:

Was bedeutet ein Mobbingprozess für mich?

Was könnte Sie im Falle einer gerichtlichen Aufarbeitung Ihres »Mobbingfalls« erwarten? Worauf sollten Sie sich also einstellen?

Ein gerichtliches Verfahren ist für alle Beteiligten immer eine Belastung, wobei im Falle von »Mobbing« die Situation noch eine besondere ist, da die außergerichtliche Vorgeschichte oftmals schon sehr anstrengend und langwierig war und in der Vorbereitung auf das gerichtliche Verfahren alle Aspekte des Falls detailliert durchgegangen und geschildert werden müssen.

Den »Mobbingprozess« als solchen gibt es genau genommen nicht, vielmehr kommt es darauf an, was im konkreten Fall als Klageforderung bzw. Klageforderungen (z. B. Unterlassung, Widerruf, Schmerzensgeld, Schadensersatz etc.) gefordert und prozessual geltend gemacht wird. Oftmals wird unter einem »Mobbingprozess« nur der Fall verstanden, dass vom Mobber bzw. von den Mobbern Schmerzensgeld gefordert wird. So eng soll und darf der Begriff des »Mobbingprozesses« nicht gesehen werden, denn Mobbing und dessen Anknüpfungspunkte im Rahmen eines gerichtlichen Verfahrens sind eben nicht nur auf die Fälle von Schmerzensgeldforderungen oder Schadensersatz beschränkt.

Im Falle eines gerichtlichen Mobbingverfahrens wird es regelmäßig vorab ein außergerichtliches Verfahren geben. Wenn Ihr konkreter Mobbingfall eingehend mit Ihrem Rechtsanwalt besprochen und aufgearbeitet wurde, wird regelmäßig auch die Frage der Durchführung eines gerichtlichen Verfahrens zu erörtern und zu entscheiden sein. Ob und wann es sinnvoll ist, ein gerichtliches Verfahren anhängig zu machen, hängt von mehreren Faktoren ab:

- Aktueller Gesundheitszustand des Mandanten/der Mandantin
- Beweislage
- Taktische Aspekte
- Finanzielle Aspekte

Ein gerichtliches Verfahren im Zusammenhang mit »Mobbing« will und muss sehr genau vorbereitet werden, denn der oder die Mobber werden alle Möglichkeiten ergreifen, um zu leugnen, zu bestreiten und »den Kopf aus der Schlinge zu ziehen«, denn auch für den bzw. die Mobber geht es um viel (Abmahnung, Kündigung, Schadensersatz, Schmerzensgeld und gegebenenfalls auch ein Strafverfahren). In einigen Bereichen ist durch das AGG (Allgemeines Gleichbehandlungsgesetz als deutsche Umsetzung der europäischen Antidiskriminierungsrichtlinie) eine beweisrechtliche Verbesserung möglich, allerdings greift das Allgemeine Gleichbehandlungsgesetz nur in bestimmten Fällen von Diskriminierung. Ob die Rechtsprechung darüber hinaus bei Mobbing generell, angelehnt an das Allgemeine Gleichbehandlungsgesetz, Beweiserleichterungen zulassen wird, bleibt abzuwarten. Eine jüngste Entscheidung des Bundesarbeitsgerichts vom 25.10.2007 – Aktenzeichen: 8 AZR 593/06 – zeigt zumindest schon einen ersten Weg dorthin, da sich das oberste deutsche Arbeitsgericht bei der Begriffsbestimmung von Mobbing an das Allgemeine Gleichbehandlungsgesetz angelehnt hat.

Wie verläuft ein Gespräch beim Rechtsanwalt/bei der Rechtsanwältin? Welche Unterlagen muss ich mitbringen?

Zunächst werden Sie mit dem Anwalt Ihres Vertrauens Kontakt aufnehmen, vorzugsweise telefonisch, denn dann kann Ihnen der Anwalt gleich sagen, ob Ihr Rechtsproblem in der Kanzlei bearbeitet werden kann und was Sie mitbringen sollen.

Fragen Sie ruhig schon am Telefon, was das Erstberatungsgespräch in der Kanzlei kostet und wie viel Zeit hierfür eingeplant ist. Erfahrungsgemäß dauert ein Erstberatungsgespräch mit Mobbinghintergrund mindestens eine Stunde, denn in diesem Termin muss sich der Rechtsanwalt ein Bild von den vorliegenden Tatsachen machen, um eine Ersteinschätzung abgeben zu können und um dann eine gemeinsame Strategie mit Ihnen erarbeiten zu können.

Auch die finanzielle Seite des Mandats darf kein Tabuthema sein, denn nur wenn alle Seiten des Mandats mit dem Rechtsanwalt Ihres Vertrauens offen besprochen werden (können), ist die Basis für eine erfolgreiche vertrauensvolle Zusammenarbeit geschaffen. Seit dem 1. Juli 2007 soll bei einer anwaltlichen Beratung über die Beratungskosten eine schriftliche Vergütungsvereinbarung geschlossen werden. Dass die Beratung und auch die mögliche Vertretung gegen den oder die Mobber (außergerichtlich oder gerichtlich) nicht kostenlos erfolgen kann, sollte jedem klar sein, denn Rechtsanwälte sind selbstständige, unabhängige und einer besonderen Verschwiegenheitspflicht unterworfene, sogenannte »Organe der Rechtspflege«. Die professionelle Vertretung in einem Mobbingfall ist auch für einen Anwalt eine besondere Herausforderung und weitaus fordernder als ein »normales« Mandat.

Sprechen Sie im Erstgespräch Ihr Mobbingproblem ganz offen an. Der Inhalt des Gesprächs unterliegt der anwaltlichen Schweigepflicht. Der Anwalt ist es gewohnt, Lebenssachverhalte juristisch-sachlich zu betrachten und die Punkte aus Ihrer Schilderung herauszufiltern, die juristisch relevant und verwertbar sind. Nach diesem Prinzip stellt er auch seine Fragen, schlägt Ihnen das entsprechende weitere Vorgehen vor und erarbeitet zusammen mit Ihnen die weiteren vorzunehmenden Schritte.

Bringen Sie zudem alle Unterlagen mit, die mit Ihrem Fall zu tun haben! Gut und empfehlenswert ist es zudem, wenn Sie einige Notizen zu Ihrer Situation und zu Ihrem Problem anfertigen, also eine chronologische Kurzübersicht, die etwa 1–3 DIN-A4-Seiten umfasst – nach dem Prinzip: Wer hat was wann getan bzw. gesagt und welche Beweise haben Sie hierfür? Bringen Sie diese Kurzübersicht bitte ebenfalls zum anwaltlichen Gespräch mit oder übersenden Sie sie nach Absprache vorab, damit sich der Anwalt auf das Gespräch mit Ihnen optimal vorbereiten kann. Ob die Unterlagen juristisch verwertbar sind bzw. ob noch weitere Angaben nötig sind, wird Ihnen Ihr Anwalt sagen.

Für den Fall, dass Ihnen das Gespräch zu anstrengend wird, sollten Sie sich nicht scheuen, dies zu äußern. Sprechen Sie Ihren Anwalt zu Beginn des Gesprächs auch hierauf an, wenn Sie es für erforderlich halten. Sinnvoll ist das unserer Ansicht nach immer. Eine Gesprächspause, eine Entspannungspause oder eine spätere Fortsetzung des Gesprächs, gegebenenfalls zu einem neuen Termin, sollte immer möglich sein.

Sprechen Sie Ihren Anwalt zudem darauf an, dass Sie auf jeden Fall über den Fortgang der Sache, insbesondere über Schreiben an Dritte, schriftlich informiert werden und hiervon auch Abschriften möchten! Und auch, dass Sie gegebenenfalls für Nachfragen zur Verfügung stehen. Eigentlich sollte das alles selbstverständlich sein. Ist Ihr ausgewählter Anwalt zur Zusammenarbeit in dieser Form nicht bereit, sollten Sie das Mandat nicht erteilen, die Vollmacht nicht unterschreiben und einen Termin mit einem anderen Anwalt vereinbaren.

Nimmt Ihr Anwalt Sie und Ihr Anliegen ernst, kann er Ihren Fall bearbeiten und haben Sie Vertrauen, dann steht der Mandatserteilung nichts mehr im Wege. Vertrauen Sie sich selbst und Ihrem Bauchgefühl! Das ist insbesondere in einem so sensiblen Bereich wie einem Mobbingmandat wichtig, denn ohne Vertrauen ist eine sinnvolle und erfolgreiche Zusammenarbeit nicht möglich.

Denken Sie bitte daran, Ihren Anwalt über alle Ereignisse und Schreiben, die Sie erhalten, sofort und ohne jegliches Zögern zu informieren und von Dokumenten, die Sie erhalten, sogleich eine Kopie zu übersenden. Von Ihrem Anwalt erbetene Unterlagen bzw. Stellungnahmen sollten Sie immer rasch übersenden. Erhalten Sie längere Zeit von Ihrem Anwalt keine Nachricht oder haben Sie eine Frage, dann nehmen Sie bitte ebenfalls Kontakt mit ihm auf! Und: Fragen Sie ruhig, wann Sie wieder mit einer Nachricht rechnen können!

Erfahrungsgemäß werden in einem »Mobbingfall« mehrere Besprechungstermine mit dem Rechtsanwalt erforderlich sein. Bitte erwarten Sie nicht, dass Ihr Fall nach der ersten Besprechung schon gelöst werden kann, das wäre in den allermeisten Fällen unrealistisch. Etwas Geduld und Ausdauer sind auch hier nötig.

Bedenken Sie: Ihr Rechtsanwalt ist für die gründliche rechtliche Bearbeitung Ihres Falles zuständig. Das heißt, dass er sich in erster Linie um die rechtliche Seite des Mandats kümmern soll. Vorrangig ist er für die Entwicklung einer rechtlichen Strategie nach eingehender Prüfung Ihres individuellen Falles zuständig. Begleitende und sinnvolle stabilisierende Maßnahmen sind nicht vorrangiges Tätigkeitsfeld Ihres Anwalts. Spezialisierte Berater sind hierfür in der Regel ausgebildet und deshalb die richtigen Ansprechpartner. Um Ihre Lebenssituation und Ihre Befindlichkeit zu verbessern, sollten Sie also erforderlichenfalls auch weitere fachlich qualifizierte Hilfe zusätzlich in Anspruch nehmen. Fragen Sie Ihren Anwalt ruhig, ob er Ihnen einen Arzt, einen Coach oder gegebenenfalls einen Psychologen empfehlen kann, der speziell Ihnen als Mobbingbetroffenem weiterhelfen kann, oder suchen Sie Rat bei Selbsthilfegruppen oder dem *Netzwerk der Mobbingselbsthilfegruppen Deutschland.*

Damit in Ihrem Fall die richtige und wichtige Koordination gelingt: Regelmäßig ist die Koordination Ihrer Berater – in der Regel Arzt, Anwalt, Psychologe und/oder Mobbingberater – notwendig und sinnvoll, denn von Anfang an sind auch die richtige und rechtlich verwertbare Dokumentation (auch und insbesondere für ein eventuell erforderliches gerichtliches Verfahren) tragende Säulen für eine erfolgreiche Konfliktbewältigung. Damit alles rechtlich richtig verläuft, sollten Sie diese Koordinationsaufgabe Ihrem Anwalt anvertrauen. Bereiten Sie also auch eine Liste von bereits in Anspruch genommenen Beratern mit Namen, Anschrift und Telefonnummern vor und händigen Sie diese dem Anwalt Ihres Vertrauens aus! Damit Ihr Anwalt mit diesen Beratern kommunizieren darf, sind Entbindungen von der Schweigepflicht erforderlich. Ihr Anwalt wird mit Ihnen solche Erklärungen vorbereiten.

Ihr Anwalt wird Ihren Fall, insbesondere die Erfolgsaussichten und die Beweislage, genau analysieren und prüfen. Die Beweislage ist in vielen Fällen der entscheidende Punkt. Selbst wenn Sie im Recht sind, kann es sein, dass die Beweislage zu ungünstig ist, um einen Prozess zu führen.

Daher die dringende Empfehlung: Rechtzeitig anwaltlichen Rat suchen! Oftmals melden sich Mandanten erst dann, wenn Sie bereits monatelange, teilweise jahrelange Schikanen, Ausgrenzungen und Anfeindungen ertragen haben. Dann ist die Aufarbeitung erfahrungsgemäß erheblich umfangreicher und schwieriger.

Das können Sie dadurch vermeiden, dass Sie schon bei den ersten Anzeichen einer Mobbingsituation zu einem Erstberatungsgespräch zum Rechtsanwalt Ihres Vertrauens gehen und sich schon früh beraten lassen, wie Sie sich verhalten sollen und wie Sie eine rechtlich sinnvolle Dokumentation sicherstellen sollen/können.

Ob und wann man Dritte einweiht, sollte immer mit dem Anwalt beraten werden. Viele Mandanten haben oftmals schon eine Odyssee durchlaufen (Vorgesetzte/r, Betriebsrat, Personalrat, Freunde, Verwandte etc.). Hier dürfen Sie nie vergessen, dass die Unabhängigkeit und Professionalität, die bei der Bearbeitung von Mobbingfällen zwingend erforderlich sind, bei den meisten Beratern naturgemäß nicht gegeben sind. Auch wenn diese Berater Ihnen gerne helfen möchten, so sind und bleiben sie doch juristische Laien. Oftmals stellt sich die Situation folgendermaßen dar: Viele glauben sich auszukennen, erteilen Ihnen einen gut gemeinten Rat, und Sie haben später in rechtlicher Hinsicht das Nachsehen. Besser ist es, wenn Sie zuerst mit dem Experten sprechen und sich dann gegebenenfalls auch Unterstützung in Ihrem Umfeld suchen.

Welche Kosten kommen auf mich zu?

Im Bereich der Anwaltskosten wurde zum 1. Juli 2004 die Bundesrechtsanwaltsgebührenordnung (BRAGO) durch das Rechtsanwaltsvergütungsgesetz (RVG) ersetzt, wonach bei anwaltlichen Beratungen, zur Kostentransparenz für Mandant und Anwalt, nunmehr regelmäßig eine Vergütungsvereinbarung abgeschlossen werden soll. Das Rechtsanwaltsvergütungsgesetz knüpft in den meisten Fällen für Gebührensätze an den Gegenstandswert an.

Im Rechtsanwaltsvergütungsgesetz und auch in der bis zum 1. Juli 2004 geltenden Bundesrechtsanwaltsgebührenordnung gibt es keinen Gebührentatbestand und somit auch keinen eindeutigen Gegenstandswert, der speziell den Fall des Mobbings regelt. Insoweit ist oftmals auf die Hilfsvorschrift des §23 Abs. 3 RVG zurückzugreifen, wonach in Fällen, in welchen kein eindeutiger Gegenstandswert geregelt ist, von einem Gegenstandswert zwischen 4000 Euro und 500000 Euro auszugehen ist. Wenn Mobbinghandlungen mit einer vom Arbeitgeber ausgesprochenen Kündigung zusammenhängen, wird für die Überprüfung der Kündigung etwa das dreifache monatliche Bruttoarbeitsentgelt als Gegenstandswert angenommen. Genauere Informationen im Hinblick auf Ihren Fall erhalten Sie von Ihrem Rechtsanwalt.

Man unterscheidet bei den Anwaltskosten zwischen den außergerichtlichen und den gerichtlichen anwaltlichen Kosten eines Falles. Im außergerichtlichen Beratungsbereich ist, wie bereits geschildert, regelmäßig eine Vergütungsvereinbarung abzuschließen, wie es auch das Rechtsanwaltsvergütungsgesetz festlegt. Im gerichtlichen Bereich bestehen starre Gebührensätze, unabhängig von der Zahl der pro Instanz wahrzunehmenden Gerichtstermine. Da insbesondere Rechtsschutzversicherer oftmals dazu tendieren, den Gegenstandswert gemäß § 23 Abs. 3 RVG mit dem niedrigsten Wert in Höhe von 4000 Euro anzusetzen, stellt sich sehr rasch die Problematik, dass die gesetzlichen Gebühren nach dem Rechtsanwaltsvergütungsgesetz für die anwaltliche Tätigkeit im außergerichtlichen und im gerichtlichen Verfahren völlig unauskömmlich sind und die Frage der anwaltlichen Vergütung ebenfalls zwischen Mandant und Rechtsanwalt durch eine Vergütungsvereinbarung geregelt werden muss.

Die Höhe der Vergütung im Rahmen der Vergütungsvereinbarung ist verhandelbar. Allerdings wird kein spezialisierter Anwalt eine Vergütung vereinbaren können, welche die Kosten des Arbeitsaufwands nicht deckt. Auf Wunsch wird Ihnen Ihr Anwalt die Zusammensetzung der Vergütung und die Vergütungsvereinbarung erläutern. Hier bitte keine Hemmungen haben und alles offen ansprechen! Wir sind allerdings der Meinung, dass der Rechtsanwalt Ihres Vertrauens die Frage der Kosten im außergerichtlichen und gerichtlichen Bereich von Anfang an unaufgefordert offen und klar mit Ihnen besprechen sollte. Der faire Anwalt wird auch ein Gespräch über die Kosten als selbstverständlich ansehen. Fallen Sie nicht auf »Billigheimer« herein! Gute anwaltliche Arbeit ist nur möglich, wenn auch die vereinbarte anwaltliche Vergütung den Aufwand des Rechtsanwalts angemessen honoriert.

Im Bereich der Vergütungsvereinbarungen gibt es verschiedene Vergütungsmodelle, wie z. B. Pauschalvereinbarungen, Gegenstandswertvereinbarungen oder die Vereinbarung von Zeithonoraren. In Mobbingfällen wird in der Regel die Vereinbarung eines Zeithonorars mit Ihrem Anwalt der Fall sein.

Fragen Sie nach, mit welchem Stundenumfang Sie mindestens rechnen müssen! Dieser Stundenumfang sollte auch so in der Vergütungsvereinbarung festgehalten werden.

Der seriöse Anwalt wird Sie auch über diese Punkte klar informieren und Ihnen dies auf Wunsch auch gerne schriftlich bestätigen.

Ihnen zu Beginn zu sagen, wie viele Stunden höchstens anfallen, wäre völlig unseriös, denn in der Regel kann der Stundenaufwand zu Beginn noch gar nicht abschließend abgesehen werden. Allerdings können und sollten Sie mit Ihrem Anwalt zunächst eine Höchststundenzahl vereinbaren und dann nach Erreichen der Höchststundenzahl selbst entscheiden, ob bzw. in welchem zeitlichen Umfang der Anwalt weiter für Sie tätig sein soll. So haben Sie immer einen Überblick über die angefallenen und zu erwartenden Kosten. Sinnvoll ist zudem eine Vereinbarung, nach welchen Zeitabschnitten bzw. welchem angefallenen Stundenaufwand Teilabrechnungen erfolgen sollen. Hierbei bietet sich z. B. eine monatliche Abrechnung oder eine Abrechnung nach jeweils 3–5 angefallenen Stunden an. So behalten Sie den Überblick über die angefallenen Kosten und müssen nicht die gesamte Vergütung auf einmal zahlen.

In der Regel wird der Rechtsanwalt einen Kostenvorschuss verlangen, unabhängig davon, ob Sie rechtsschutzversichert sind oder nicht. Die Höhe dieses Vorschusses hängt davon ab, wie umfangreich und schwierig Ihr Fall ist. Sollten Sie die Kosten nicht in einem Betrag bezahlen können, sprechen Sie auch darüber gleich mit Ihrem Anwalt! Gemeinsam lässt sich in der Regel eine Lösung finden.

Beachten Sie, dass Sie zu einem erheblichen Teil Einfluss darauf haben, wie umfangreich die Bearbeitung Ihres Falles sein wird, und damit auch auf die entstehenden Kosten. Ihre kontinuierliche Mitarbeit ist unbedingt erforderlich.

Tragen Sie zur Bearbeitung Ihres Falles Ihren Teil bei, damit Ihr Anwalt Ihren Fall bestmöglich rechtlich bearbeiten kann! Der positive Nebeneffekt Ihrer aktiven Mitarbeit: Sie fühlen sich besser und spüren, dass Sie die Situation mehr und mehr in den Griff bekommen, »in der Hand haben«.

Im außergerichtlichen Bereich tragen Rechtsschutzversicherungen in der Regel nicht sämtliche entstehenden Kosten. Regelmäßig werden nur die Kosten für eine Erstberatung erstattet, die bei maximal 190 Euro netto plus Auslagen zuzüglich zurzeit 19% MwSt liegt.

Mit Ihrer Rechtsschutzversicherung können Sie selbst sprechen oder Sie können es von Ihrem Rechtsanwalt besorgen lassen, was in der Regel sinnvoll ist, weil er mit den zahlreichen Abrechnungsproblemen mit Rechtsschutzversicherern besser vertraut ist als Sie. Tritt die Rechtsschutzversicherung ein, erteilt sie zunächst eine sogenannte Deckungszusage und zahlt in der Praxis oftmals erst nach Abschluss der vollständigen bewilligten Beratung oder sonstigen Arbeit des Anwalts. Auch wenn Sie eine Rechtsschutzversicherung haben, müssen Sie deshalb davon ausgehen, dass Sie einen Vorschuss zahlen müssen, zumal Kostenschuldner gegenüber Ihrem Rechtsanwalt nur Sie selbst sind, d. h. nur Sie Erstattungsansprüche gegenüber Ihrer Rechtsschutzversicherung haben. Sobald Ihre Rechtsschutzversicherung an Ihren Rechtsanwalt gezahlt hat, erstattet Ihnen Ihr Anwalt gegebenenfalls zu viel gezahlte Vergütung zurück.

Sollten Sie als Mitglied einer Gewerkschaft über Ihre Gewerkschaft rechtsschutzversichert sein, liegt die Kostenfrage anders: Der Rechtsschutz über Ihre Gewerkschaft umfasst im Normalfall lediglich die Vertretung durch einen Gewerkschaftssekretär. Fragen Sie gezielt, ob Sie freie Anwaltswahl haben! Erfahrungsgemäß ist das nicht der Fall. In diesem Fall wechseln die Bearbeiter Ihrer Sache bzw. Ihre Rechtsvertreter vor Gericht häufig. Grund dafür ist, dass Gewerkschaftssekretäre viele und vielfältige arbeitsrechtliche Fälle bearbeiten müssen und eine individuelle Betreuung des Mandanten wie beim Rechtsanwalt weder von der Organisation noch von der Kostenstruktur her geleistet werden kann. Wünschen Sie sich einen Anwalt, der Ihren Fall von Anfang bis Ende bearbeitet und Mobbingexperte ist, müssen Sie ihn in der Regel selbst bezahlen. Anders liegt der Fall, wenn Sie als Mitarbeiter der Gewerkschaft gegen diese selbst vorgehen, weil in diesen Fällen ein Interessenkonflikt seitens der Gewerkschaft besteht und Ihnen daher externer Rechtsbeistand nicht verweigert werden darf.

Sollte es in Ihrem Fall zu einem Prozess vor dem Arbeitsgericht kommen, müssen Sie in erster Instanz Ihre Kosten selbst tragen. Möglicherweise haben Sie eine Rechtsschutzversicherung, die die Kosten für den Prozess ganz oder teilweise übernimmt. Können Sie die Kosten für den Rechtsstreit nicht aufbringen und haben Sie keine Rechtsschutzversicherung, können Sie Prozesskostenhilfe beantragen. Sie müssen zu diesem Zweck Ihre persönlichen und wirtschaftlichen Verhältnisse durch umfangreiche Belege über Ihr Einkommen und davon absetzbare Ausgaben gegenüber dem Gericht nachweisen. Ihr Anwalt wird Ihnen sagen, welche Unterlagen er von Ihnen benötigt. Der Antrag auf Gewährung von Prozesskostenhilfe und die Belege müssen mit der Klage bei Gericht eingereicht werden. Die Prozesskostenhilfe wird bewilligt, wenn Sie angesichts Ihrer persönlichen und wirtschaftlichen Verhältnisse die Kosten für den Prozess nicht allein tragen können und Ihr Anliegen hinreichende Aussicht auf Erfolg bietet.

Das Gericht prüft im Falle der Gewährung von Prozesskostenhilfe noch mehrere Jahre nach dem Abschluss des Verfahrens, ob sich Ihre finanzielle Situation geändert hat und Sie die erhaltene Prozesskostenhilfe voll oder teilweise zurückzahlen müssen.

Eine weitere, in der Regel wenig beachtete Möglichkeit sind Prozessfinanzierer. Das sind Unternehmen, die Ihnen einen Prozess vorfinanzieren. Eine solche Vorfinanzierung erhalten Sie aber nur, wenn die Erfolgsaussichten sehr gut sind und das Honorar, das sich der Prozessfinanzierer erhofft, nämlich ein Teil des von der Gegenseite an Sie am Ende zu zahlenden Betrages, einigermaßen sicher ist. Leider ist uns kein Fall bekannt, in welchem ein Prozessfinanzierer einen »Mobbingprozess« vorfinanziert hat. Prozessfinanzierer schrecken vor »Mobbingprozessen« zurück, weil die Verantwortlichkeiten und die Beweislage in diesem Bereich in der Regel gerade nicht eindeutig sind und der Ausgang des Verfahrens oft ungewiss ist. Die prozessuale Lage ist in solchen Fällen naturgemäß schwieriger als z. B. bei Verkehrsunfällen mit klarer Verantwortlichkeit. Trotz allem sollte Ihr Anwalt auch die Existenz dieser Finanzierungsmöglichkeit im Hinterkopf haben.

Wenn Sie zu einer besonderen Gruppe von Arbeitnehmern

oder Beamten gehören und engagiert und couragiert sind, möchten wir Ihnen noch einige Ratschläge an die Hand geben:

Was kann/soll ich als Betriebs- oder Personalrat im Falle von Mobbing tun?

Als Betriebs- oder Personalrat können Sie entweder selbst Mobbingbetroffener sein, oder ein Kollege kommt zu Ihnen und bittet Sie um Hilfe, oder es liegt zwar kein Fall von Mobbing vor, aber Sie möchten es auch nicht so weit kommen lassen.

Der letztgenannte ist der günstigste Fall.

Sie können agieren, können gestalten. Hier stellt sich die Frage der Präventionsmöglichkeiten:

Als Betriebsrat denken Sie möglicherweise gleich an eine Betriebsvereinbarung. Das ist tatsächlich eine sehr gute Handlungsmöglichkeit.

Mitbestimmungsrechte für Betriebs- und Personalrat bestehen in Fragen der Gestaltung der Ordnung des Betriebes und in Fragen des Gesundheitsschutzes.

Vor Erarbeitung und Abschluss einer solchen Betriebsvereinbarung sollten Sie aber gut informiert sein: Hier bieten sich Teilnahmen an Schulungs- und Bildungsveranstaltungen und/oder die Inanspruchnahme eines Rechtsanwalts als Sachverständigem an.

Die Teilnahme an Schulungs- und Bildungsveranstaltungen ruft beim Arbeitgeber, der die Kosten dafür tragen muss, oftmals genau aus diesem Grunde keine Begeisterung hervor. Der Betriebsrat muss den Beschluss fassen, sich inhaltlich mit dieser Problematik auseinandersetzen zu wollen. Unproblematisch besteht immer Schulungsbedarf, wenn eine konkrete betriebliche Konfliktlage vorliegt.

Besteht ein gutes Verhältnis zwischen Arbeitgeber und Arbeitnehmern, kommt auch die Organisation von sogenannten In-House-Seminaren in Betracht. Diese Seminare können für den Arbeitgeber mit dem Betriebsrat gemeinsam, für Betriebs- bzw. Personalrat allein oder für die gesamte Belegschaft mit oder ohne den Arbeitgeber konzipiert sein. Bei gutem Betriebsklima sind solche präventiven Seminare eine sehr gute Möglichkeit, kostengünstig und effektiv alle Beteiligten über Gefahren und Lösungsmöglichkeiten zum Problemkreis Mobbing zu informieren. Solche Seminare sind es auch, die als Schulungen zum Allgemeinen Gleichbehandlungsgesetz für alle Mitarbeiter und Mitarbeiterinnen durchgeführt werden sollten.

Auch AGG-Schulungen werden außer Haus angeboten. Falls das Betriebsklima also weniger gut sein sollte, ist die Variante der Schulung außer Haus vorzuziehen.

Die soziale Verantwortung der Beteiligten ist in § 17 Abs. 1 des Allgemeinen Gleichbehandlungsgesetzes niedergelegt. Der Gesetzgeber hat in dieser Vorschrift Tarifvertragsparteien, Arbeitgeber, Beschäftigte und deren Vertretungen aufgefordert, am Ziel des Gesetzes, nämlich Benachteiligungen aus den in § 1 des Allgemeinen Gleichbehandlungsgesetzes genannten Gründe, zu beseitigen oder zu verhindern.

Auch die Beschäftigten des öffentlichen Dienstes profitieren vom Allgemeinen Gleichbehandlungsgesetz, denn die entsprechende Geltung dieses Gesetzes hat der Gesetzgeber im § 24 des Allgemeinen Gleichbehandlungsgesetzes angeordnet.

Inhalt einer präventiven Betriebs- bzw. Dienstvereinbarung sollte unter anderem und jedenfalls die Einrichtung eines Mobbingbeauftragten im Betrieb sein. Festgehalten werden sollte, welche Funktion und welche Stellung dieser Mobbingbeauftragte hat und welche Befugnisse und Aufgaben ihm zuteil werden sollen.

Zudem sollten präventive Maßnahmen festgelegt werden, die alle Mitarbeiter des Betriebes bzw. der Dienststelle erfassen und aktiv einbinden.

Und was kann ich bzw. können wir tun, wenn der Mobbingfall schon eingetreten ist?

In diesem Fall bleibt Ihnen zunächst lediglich die Möglichkeit der Reaktion.

Als Betriebsrat haben Sie die Möglichkeit, gegen den Arbeitgeber wegen grober Verstöße gegen seine Pflicht aus dem Betriebsverfassungsgesetz vorzugehen. Sie können beim Arbeitsgericht beantragen, dass dem Arbeitgeber aufgegeben wird, eine Handlung vorzunehmen, eine Handlung zu unterlassen oder eine Handlung zu dulden. Diese Möglichkeit besteht gemäß § 17 Abs. 2 des Allgemeinen Gleichbehandlungsgesetzes nun auch bei groben Verstößen des Arbeitgebers gegen das Allgemeine Gleichbehandlungsgesetz.

Weiterhin haben Sie als Betriebs- oder Personalrat Beschwerden, die an Sie gerichtet sind, zu behandeln. Das bedeutet, dass Sie zunächst zur Entgegennahme von Beschwerden verpflichtet sind und dass Sie weiter verpflichtet sind, sich inhaltlich damit zu beschäftigen. Über das Ergebnis muss der Betriebsrat/sollte der Personalrat denjenigen, der die Beschwerde eingereicht hat, also den Beschwerdeführer, unterrichten. Wird die Beschwerde für berechtigt gehalten, muss auf Abhilfe hingewirkt werden. Ist der Arbeitgeber anderer Ansicht, kann der Betriebsrat die Einigungsstelle anrufen.

An dieser Stelle möchten wir anmerken, dass der Beschwerdeführer keinen Einfluss darauf hat, ob der Betriebsrat die Einigungsstelle anruft oder nicht. Er kann den Betriebsrat nicht zum Handeln zwingen, kann aber das Handeln des Betriebsrats auch nicht verhindern (weil es ihm möglicherweise [inzwischen] unangenehm sein mag). Er kann lediglich die Beschwerde zurückziehen. Dann können sich Arbeitgeber und Betriebsrat dennoch einem freiwilligen Einigungsstellenverfahren unterziehen.

Leider haben Betriebs- bzw. Personalräte in Betrieben oder Dienststellen, in denen bereits Konflikte bestehen, oftmals selbst Angst, zu Mobbingbetroffenen zu werden. Man kann ihnen das nicht verübeln, denn dieser Fall kommt tatsächlich immer wieder vor, in vielen Fällen ist ihre Angst also leider auch berechtigt. Aus diesem Grund oder weil sie der Sache oder der Thematik genauso hilflos gegenüberstehen wie Sie, finden Sie als Betroffener dort oft nicht die Hilfe, die Sie erwarten und die Sie brauchen. Betriebs- und Personalräte sind eben auch nur Menschen. Die Konsequenz daraus: Gehen Sie gleich zum Anwalt Ihres Vertrauens und lassen Sie sich von ihm helfen! Durch anwaltliche Unterstützung wird die Sache in vielen Fällen auch für die Betriebs- und Personalräte leichter, denn sie können dem Arbeitgeber bzw. Dienstherrn juristische Argumente entgegensetzen.

Zuletzt möchten wir uns noch an die Gruppe von interessierten Arbeitgebern, Arbeitgeberinnen und Führungskräften wenden, die dieses Buch liest, um sich einen Überblick über die Problematik zu verschaffen – also an alle, die sich fragen:

Was kann ich als ArbeitgeberIn oder Führungskraft gegen Mobbing tun?

So Sie den Abschnitt über Betriebs- und Personalräte gelesen haben, dürfte Ihnen klar sein, dass wir Ihnen empfehlen, sich und alle Ihre Mitarbeiterinnen und Mitarbeiter zu schulen, zu sensibilisieren, aufmerksam zu machen, damit Konflikten vorgebeugt werden kann bzw. Konflikte früh erkannt und konstruktiv miteinander gelöst werden können. Außerdem empfehlen wir Ihnen, in Ihrer Rolle als Betriebspartner auf den Betriebsrat zuzugehen und gemeinsam über eine präventive Betriebsvereinbarung zu verhandeln.

Die Prävention sollte nicht an den Kosten scheitern. Fürchten Sie sich nicht vor den Präventionskosten, denn diese sind kalkulierbar. Unkalkulierbar hoch und ihrer Art nach vielfältig sind die Kosten, die Ihnen in Mobbingfällen entstehen, z. B. Umsatzrückgang, Krankenstandskosten, auch Produktionsausfälle.

Seminare und Schulungen sollten zum einen themenspezifisch durchgeführt werden, insbesondere zu Themen wie Mobbing, Konfliktprävention, -erkennung und -lösung, zum anderen sollten sie den Zweck verfolgen, den Zusammenhalt aller in Unternehmen, Betrieb oder Dienststelle zu stärken. Motivieren und entspannen Sie sich und Ihre Mitarbeiter! Das gilt ausnahmslos und für alle. In Betracht kommen Seminare, die dieses Ziel verfolgen und obendrein das Gemeinschafts- und Verantwortungsgefühl Ihrer Mitarbeiter stärken. Auch Selbstbehauptungstrainings für Mitarbeiter können hilfreich sein. Informieren Sie sich, lassen Sie sich beraten und leisten Sie sich speziell auf Ihren Betrieb bzw. Ihr Unternehmen oder Ihre Dienststelle zugeschnittene Seminare und Maßnahmen zur Prävention!

Überlegen Sie, wie das Beschwerdesystem in Ihrem Haus funktioniert, und verbessern Sie es! Sind Sie ratlos, können Sie zu diesem Zweck auch spezialisierte anwaltliche Hilfe in Anspruch nehmen.

Beziehen Sie Position gegen Mobbing! Machen Sie Mobbing und Konflikte zum Thema! Hierbei helfen Gespräche, Rundschreiben, Aushänge, gegebenenfalls auch Flyer – der Fantasie der Anti-Mobbing-Werbemittel sind kaum Grenzen gesetzt. Suchen Sie Kontakt zu allen Mitarbeitern und Mitarbeiterinnen und kümmern Sie sich um sie! Machen Sie sich in regelmäßigen Abständen ein Bild über die Stimmungslage und seien Sie sensibel gegenüber den Stimmungen und möglicherweise den Veränderungen im Arbeitsklima! Pflegen Sie ein gutes Arbeitsklima! Achten Sie auf etwaige Gerüchte oder Ähnliches und seien Sie diesbezüglich kritisch! Gehen Sie Ungereimtheiten nach und klären Sie sie schnell auf! Signalisieren Sie Offenheit und jederzeitige Gesprächsbereitschaft! Entwickeln Sie ein innerbetriebliches Konfliktlösungs- bzw. Schlichtungsverfahren! Beziehen Sie zu diesem Zweck auch externe Hilfe ein! Fordern Sie alle Mitarbeiter dazu auf, Vorschläge zur Arbeitsorganisation einzubringen, Defizite aufzuzeigen, und verbessern Sie die Arbeitsorganisation entsprechend! Beobachten Sie immer die Auswirkungen Ihrer Entscheidungen! Und ganz wichtig: Seien Sie selbst Vorbild! Das heißt: Tun Sie in jeder Hinsicht selbst auch das, was Sie von Ihren Mitarbeitern und Mitarbeiterinnen verlangen!

Beachten Sie: Binden Sie den Betriebs- bzw. Personalrat immer in Ihre Arbeit ein! Sofern vorhanden, sollten auch Betriebsärzte, Schwerbehindertenvertreter, Gleichstellungsbeauftragte usw. in die Arbeit einbezogen werden. Gemeinsam sind Sie stark. Auf diese Weise erreichen Sie das bestmögliche Ergebnis, und alle Beteiligten werben für Sie und für den Präventionsgedanken und transportieren die Botschaft gegen Mobbing.

Falls Sie Mobbing in Ihrem Betrieb entdecken, bitten Sie den oder die Mobber zu einem Gespräch und sprechen Sie sie direkt darauf an! Verschließen Sie nicht die Augen, sondern greifen Sie ein! Und: Tun Sie es so früh wie nur möglich!

Falls Sie sich unsicher fühlen, sollten auch Sie anwaltliche Hilfe in Anspruch nehmen. Auch und oftmals gerade für den Arbeitgeber, der Mobbing effektiv und angstfrei begegnen will, ist es mitunter wichtig, fachlich qualifizierte und spezialisierte Berater hinzuzuziehen, sich beraten und sich den Rücken stärken zu lassen, um das Problem im eigenen Betrieb bzw. Unternehmen oder der Dienststelle lösen zu können. Auch Ihnen raten wir dazu, sowohl einen Anwalt als auch gegebenenfalls einen Coach oder einen Mobbingberater zu konsultieren, um sich sicher richtig verhalten und klar im Konflikt Position beziehen zu können.

Bedenken und beachten Sie: Sie als Arbeitgeber halten gegenüber Ihren Arbeitnehmern und Arbeitnehmerinnen eine »Trumpfkarte« in der Hand – das Direktionsrecht. Das gewünschte Verhalten Ihrer Mitarbeiter können Sie durch Behandlung des Mobbingproblems als »Chefsache« also erwirken. Sie können damit auf eine Weise gegen Mobbing vorgehen, wie es kein anderer kann.

Nutzen Sie diese Chance!

Anhang
Mobbingtagebuch

Aus dem Mobbingtagebuch soll hervorgehen, was wann passiert ist und gegebenenfalls, wer als Zeuge in Betracht kommt. Beispielsweise bietet sich folgende Einteilung an:

Wann und wo? (Datum, möglichst genaue Uhrzeit und genauer Ort)	Was ist passiert? (Vorfall so genau wie möglich beschreiben)	Wer war dabei, hat den Vorfall gesehen, gehört (Zeugen)? Weitere Beweismittel?	Welche Folgen hat der Vorfall ausgelöst?	Zeugen oder andere Beweismittel für die Folgen?

Eine Eintragung könnte wie folgt aussehen:

25.7.2006, 15.18 Uhr, Büro des Kollegen X	Vorgesetzter V hat gesagt: »Was tun Sie eigentlich den ganzen Tag? Sie werden nicht dafür bezahlt, dass Sie nichts tun, auch wenn es das ist, was Sie am besten können.«	Kollegen X und Y waren dabei. Die Tür zur Sekretärin Frau S stand offen, sie müsste es auch gehört haben.	Übelkeit, Erbrechen	Kollege K war auch auf der Toilette, wollte wissen, warum ich gebrochen habe, und hat dann versucht, mich zu trösten.

Zu den Beweismitteln:

Heben Sie *alles* auf, was Ihnen irgendwie helfen könnte: Notizen, E-Mail-Ausdrucke, Briefe, Fotos, gegebenenfalls zerstörte Dinge … – manchmal hilft genau das, was Sie als unwichtig angesehen haben.

Falls Sie eine körperliche Beeinträchtigung erlitten haben, egal ob durch Körperverletzungen, sexuelle Übergriffe, Verteidigungshandlungen oder infolge der psychischen Beeinträchtigung (z.B. Magenkrämpfe): Gehen Sie sofort zum Arzt und lassen Sie es dokumentieren!

www.klett-cotta.de / leben

Dagmar Ruhwandl
Erfolgreich ohne auszubrennen
Das Burnout-Buch für Frauen
Klett-Cotta Leben!
131 Seiten, Klappenbroschur
ISBN 978-3-608-86007-8

»Erste Hilfe«, wenn der Akku leer ist

Dieses Anti-Burnout-Buch richtet sich speziell an Frauen. Wie Frauen rechtzeitig gegensteuern und Überlastung erkennen, zeigt Dagmar Ruhwandl mit vielen praktischen Beispielen, Tipps und Übungen.

»Ruhwandl geht vor allem auf drei zentrale Prinzipien weiblicher Burn-out-Prävention ein: Grenzen schneller erkennen, effektiver regenerieren und häufiger delegieren. ... Das Buch eignet sich sowohl zur eigenen Lektüre als auch zum Weiterschenken an Freundinnen, Kolleginnen, Nachbarinnen – je früher, desto wirksamer.«
Eva Tezner, Psychologie Heute

KLETT-COTTA Leben!